LE CLAVESSIN ELECTRIQUE;

AVEC

UNE NOUVELLE THÉORIE

DU MÉCHANISME ET DES PHÉNOMENES

DE L'ÉLECTRICITÉ.

Par le R. P. DELABORDE, *de la Compagnie de Jesus.*

A PARIS,

Chez H. L. GUERIN & L. F. DELATOUR, rue S. Jacques, à S. Thomas d'Aquin.

M. DCC. LXI.

Avec Approbation & Privilege du Roi.

PRÉFACE.

JE me ferois contenté de réfléchir en fecret fur les différents phenoménes électriques que j'ai, pour ainfi dire, paffés en revue depuis quatre ans, fi je n'avois été fortement follicité de donner, du moins au Public quelque connoiffance d'un nouveau phénomene qui paroît en quelque forte plus intéreffant que la plûpart de ceux qu'on a vus jufqu'ici : c'eft le Claveffin Electrique, dont j'ai tâché de donner une idée, dans deux Lettres adreffées aux Auteurs des Mémoires de Trévoux. Ces deux Lettres font une efpece d'extrait des Obſervations plus étendues que j'ai faites ſur l'Éle-ctricité ; & il me ſemble, qu'en faiſant paroître cet extrait, je me ſuis engagé à développer enfin les principes que je n'ai fait qu'y indiquer.

La multitude & la variété des phénomenes que j'entreprends d'expliquer, m'a d'abord épouvanté. Il étoit naturel de les réduire à trois claſſes, & c'eſt ce que j'ai fait ; mais à peine ai-je commencé de mettre la main à l'ouvrage, que j'ai vu avec plaiſir diſparoître cette prétendue variété de ce grand nombre d'expériences, & toutes celles de chaque claſſe ſe réduire à une principale, qu'il ſuffiſoit d'expliquer pour entendre toutes les autres. Pour mettre le plus d'ordre qu'il étoit possible dans une matiere aussi obscure que celle-ci, j'ai tâché de suivre le style des démonstrations Mathématiques; non que je prétende démontrer géométriquement la vérité du systême que j'ai formé, mais seulement en lier tellement toutes les parties, qu'elles ne forment qu'une seule chaîne, & qu'elles se suivent naturellement les unes les autres. Ainsi, comme dans les Traités de Géometrie, les commençants ne peuvent entendre une proposition, sans avoir bien étudié la précedente, je dois avertir qu'il en est de même par rapport à ce petit essai; qu'on n'en peut comprendre une partie ſans avoir lu avec attention celle qui la précede, & qu'il faut ſur-tout bien concevoir l'explication de la premiere expérience de chaque claſſe pour entendre toutes les autres.

Je n'ai eu garde d'interrompre inutilement la ſuite de mes idées ſur le méchaniſme de l'Électricité, pour m'arrêter à réfuter les différentes opinions de ceux qui ont écrit ſur le même ſujet. Il ne me conviendroit pas de prendre un ton déciſif, & de préférer hautement mes lumieres à celles de tant de Savants, qui, quoique verſés depuis long-temps dans cette matiere, ont eu la modeſtie de ne propoſer leurs réflexions que ſur le titre de conjectures. Je dois ſuivre leur exemple : je m'y ſuis appliqué ; & ſi je parois m'en écarter quelquefois , j'eſpere qu'on voudra bien ſe ſouvenir, qu'un Auteur eſt ſouvent entraîné, malgré lui, par la vraiſemblance de ſes raiſonnements.

Pour ce qui eſt du ſtyle, quoique je ſache fort bien qu'on fait aujourd'hui plus d'attention aux expreſſions qu'aux penſées, & qu'une petite brochure d'un ſtyle léger eſt mieux accueillie que de longs raiſonnements exprimés d'une maniere moins aiſée, j'ai cru devoir toujours préférer les phraſes les plus claires à celles qui, avec plus d'élégance, n'auroient pas ſi bien rendu ma penſée. Ainſi je n'ai pas évité les répétitions, lorſque je les ai crues néceſſaires pour me faire entendre. En un mot, mon principal objet eſt d'être clair, mais je ne me flatte pas encore d'y avoir parfaitement réuſſi.

Il ne ſera pas inutile de lire les deux Lettres que j'ai adreſſées aux Auteurs des Mémoires de Trévoux, parce qu'elles donnent une idée générale du ſyſtême que j'ai formé, & qu'elles contiennent pluſieurs choſes que je n'ai point répetées dans la ſuite de l'ouvrage. J'en avois formé le plan avant d'avoir lu tout ce qui a été écrit ſur l'Électricité, & j'avois cru devoir diſtinguer des expériences connues, celles que je n'avois vues nulle part, dont je n'avois pas entendu parler, & que je regardois comme des découvertes qui m'étoient propres. Le nombre de celles-ci étoit assez considérable; mais m'étant trouvé ensuite à portée de me procurer la lecture de M. Franklin, & de quelques autres, j'ai reconnu qu'ils avoient trouvé avant moi plusieurs de ces expériences que je croyois nouvelles, & qui l'étoient en effet pour moi. Je me suis bien persuadé que je le dirois inutilement, & que je serois toujours le seul à me les attribuer. D'ailleurs celles que je n'ai pas vues dans les livres que j'ai lus, sont peut-être dans quelques autres que je ne connois pas: ainsi, je regarde toutes ces expériences comme un bien commun à tous les Electrisants, & je ne m'attribue que la maniere de les assembler & de les expliquer.

Cette maniere est toute nouvelle, ce sont de nouveaux principes directement opposés à ceux qui ont été établis & reçus jusqu'ici; mais je crois ne les pas hazarder sans en donner des preuves assez plausibles. Ce ne sont point de pures suppositions, ce ne sont point précisément de nouveaux termes comme *électricité positive, & électricité négative; électriser en plus & en moins.* Je ne puis ici m'empêcher de témoigner ma surprise, de ce qu'on veut bien regarder comme un ſyſtême, un amas d'expériences expoſées ſans ordre, dont quelques-unes ont, à la vérité, le mérite de la nouveauté, mais qui ne ſont pas autrement expliquées que par ces termes, *négativement*, *poſitivement*, *en plus*, *en moins*. Comment peut-on penſer à oppoſer ce prétendu ſyſtême à l'ingénieux principe des affluences & effluences ſimultanées de M. l'Abbé Nollet. Je ſais que mon ſentiment n'eſt pas d'un grand poids, & que ce n'eſt pas à moi à me conſtituer juge dans cette cauſe, mais je crois dire la vérité, & je ne puis la diſſimuler.

Quoique je parle dans le cours de cet Ouvrage de la phiole de

Leyde j'en fais encore à la fin un examen plus exact. J'admire l'analyse qu'en a faite M. Franklin, & je tâche d'en rendre raison, sans m'écarter des principes que j'ai établis.

LETTRES SUR LE CLAVESSIN ÉLECTRIQUE.

PREMIERE LETTRE.

MM. RR. PP.

CE n'eſt qu'en ſuivant le conſeil de pluſieurs perſonnes dont j'eſtime le diſcernement, que j'oſe vous parler d'une nouvelle eſpece de Claveſſin dont j'ai conçu l'idée, & que j'ai commencé à mettre en exécution, de maniere à perſuader qu'il n'eſt pas impoſſible de l'exécuter parfaitement. C'eſt un Claveſſin électrique. Ce nom ſeul ne pourroit-il pas prévenir contre la nouvelle invention? On a long-temps parlé d'un Claveſſin oculaire, & l'on n'eſt jamais parvenu à le voir. Mais celui dont j'ai l'honneur de vous parler est un vrai Clavessin acoustique, qu'on peut entendre & qui a déja été entendu. La matiere électrique en est l'ame comme l'air est celle de l'Orgue. Le globe tient la place du soufflet, & le conducteur du porte-vent. Dans l'orgue le clavier est comme un frein avec lequel on modere l'action de l'air. J'ai imposé le même frein à la matiere électrique, malgré sa subtilité & son agilité. L'air enfermé dans le sommier de l'orgue y gémit jusqu'à ce que l'Organiste, comme un autre Eole, lui ouvre les portes de sa prison. S'il écartoit en même temps toutes les barrieres qui l'arrêtent, ce seroit une confusion & un désordre affreux ; mais il sait lui donner avec discernement différentes issues. La matiere électrique demeure ainsi comme captive, & frémit inutilement autour des timbres du nouveau Clavessin, jusqu'à ce qu'on lui donne la liberté en abaissant les touches. Elle s'échappe alors avec la plus grande vîtesse ; mais elle cesse d'agir aussi-tôt que les touches sont relevées. Au reste, MM. RR. PP. il est aussi difficile de concevoir la construction de ce nouvel instrument, que celle de l'orgue, à moins qu'on ne l'ait vue; je tâcherai cependant d'en donner l idée la plus claire qu'il sera possible.

Une verge de fer isolée sur des cordons de soie, porte des timbres de différentes grosseurs pour les différents tons. Il faut deux timbres à l'unisson pour un seul ton. L'un est suspendu à la verge de fer par un fil d'archal, & l'autre par un cordon de soie. Le battant suspendu à un fil de soie tombe entre deux; du timbre soutenu par un cordon de soie, descend un fil d'archal dont l'extrémité est fixée en bas par un autre cordon, & se termine en anneau pour recevoir un petit levier de fer, lequel repose sur une verge de fer isolée. Cela étant ainsi, le timbre suspendu par un fil d'archal est électrisé par la verge de fer qui le porte, & l'autre qui est suspendu à cette verge par un cordon de soie est électrisé par l'autre verge de fer sur laquelle repose le petit levier. En abaissant une touche, j'éleve le levier, & je le fais toucher à une verge non isolée. Dans le même instant le battant se met en mouvement , & frappe les deux timbres avec tant de vîtesse , qu'il n'en résulte qu'un son ondulé, & qui imite à peu près l'effet du tremblant fort de l'orgue. Aussi-tôt que le levier tombe sur la verge électrisée, le battant s'arrête. Ainsi chaque touche répondant à son levier, & chaque levier à son timbre , on peut jouer tous les airs comme sur un autre Clavessin ou sur une orgue. Cette espece de Clavessin a même un avantage que n'ont pas les autres, & qui lui est commun avec l'orgue ; c'est qu'au lieu que dans les Clavessins ordinaires le son ne persévere qu'en s'affoiblissant , il conserve toute sa force dans l'orgue & dans le Clavessin électrique, tandis qu'on laisse le doigt sur la touche.

J'ai mis à part deux timbres dont l'un communique au conducteur par un fil d'archal, & l'autre y est attaché par un cordon de soie. Le battant également isolé tombe entre deux. Il se met en mouvement quand on commence à frotter le globe, & s'arrête après un certain nombre de tours de la roue. Il avertit ainsi qu'il y a assez d'électricité pour toucher le Clavessin. On peut alors jouer la plus grande piece sans frotter davantage le globe. Quand l'électricité est considérablement affoiblie, les deux timbres dont je viens de parler en donnent encore l'avertissement; il faut recommencer à tourner la roue. Quand on touche le Clavessin dans l'obscurité, il est en quelque sorte oculaire & acoustique, puisque les yeux y sont agréablement surpris par des étincelles brillantes qui éclatent à chaque son, & qui ressemblent à de petites étoiles errantes.

Permettez-moi, MM. RR. PP. d'expliquer à présent le plus brievement qu'il est possible, le méchanisme & le jeu de ce nouvel instrument. J'ose d'abord renverser toutes les idées qu'on a eues jusqu'ici sur l'Electricité; fondé sur l'expérience, je crois devoir appeller électriques par communication ceux qu'on a nommés électriques par eux-mêmes, & électriques par eux-mêmes ceux qu'on a appellés électriques par communication. La seule expérience de Leyde prouve assez que le verre est fortement électrique par communication. Un tuyau de verre, un bâton de cire d'Espagne ou de soufre, ou de résine, appuyé un instant sur le conducteur, devient très-sensiblement électrique. Je puis donc d'abord assurer que ces corps sont électriques par communication. Mais je prouve encore qu'ils ne le sont pas autrement. Je frotte deux bâtons de cire d'Espagne ou de soufre l'un contre l'autre; ils ne deviennent pas électriques; de-là je conclus que ces sortes de corps ne le deviennent pas précisément par frottement. Mais si après les avoir ainsi frottés l'un contre l'autre, je les applique un instant sur ma main, ou si je les y fais passer une seule fois très-légérement, ils deviennent sensiblement électriques. Je leur ai donc communiqué de l'électricité. Je suis donc électrique par moi-même, & eux par communication. Je serois trop long si je voulois rapporter toutes les expériences qui établissent solidement ce principe.

Mais en l'admettant, quel doit

être le mouvement de la matiere électrique ? qu'arrive-t-il quand je frotte un globe? Ma matiere électrique trouvant un libre passage dans ses pores dilatés, s'y porte & s'y insinue. Mais elle rencontre la résistance de l'air intérieur du globe; & suivant les loix du mouvement dans les corps élastiques, elle se réfléchit, & est encore repoussée vers le globe par la résistance & le ressort de l'air extérieur. De même la matiere électrique du conducteur se porte vers le globe, & s'en éloigne alternativement. Celui qui frotte le globe n'étant pas isolé, reçoit des corps environnants autant de matiere électrique qu'il en a communiqué au globe; & par conséquent celle qui réside dans son corps étant toujours dans le même état de compression, ne peut être mise en mouvement. Je ne dis donc pas avec quelques Physiciens que le conducteur est électrisé quand le globe lui ayant communiqué plus de matiere électrique qu'il n'en peut contenir, le surplus s'accumule autour de sa surface, parce qu'en disant cela, je ne trouve pas le moyen d'expliquer le premier & le plus ſimple des phénomenes électriques, qui eſt l'attraction. Je préſente ma main pleine de ſon au conducteur. Sa matiere électrique repouſſée par le globe, vient frapper celle de ma main & la comprime. Cette matiere comprimée ſe débande, ſe réfléchit & entraîne avec elle vers le conducteur le ſon qu'elle trouve ſur ſon paſſage. Ce ſon eſt renvoyé auſſi-tôt par la matiére réfléchie du conducteur, & il eſt ainſi attiré & repouſſé alternativement.

Venons à préſent à l'explication du Claveſſin, & d'abord de l'expérience des deux timbres qui avertiſſent de la préſence & de l'abſence de l'Electricité. Quand on a commencé à frotter le globe, le battant ſe met en mouvement. La matiere électrique du conducteur, & par conſéquent celle du timbre, qui y communique par un fil d'archal, ſe porte vers le globe ; mais celle du battant & de l'autre timbre qui ſont iſolés demeure encore en repos. Le courant de cette matiere étant donc repouſſé à la rencontre du globe, vient heurter celle du battant avec tant de rapidité qu'elle le pouſſe contre l'autre timbre. La matiere électrique de celui-ci étant comprimée par le choc du courant électrique, ſe débande & renvoie le battant à ſon voiſin, qui le lui renvoye à ſon tour, & ainſi alternativement juſqu'à ce que toute la matiere électrique du conducteur des deux timbres & du battant ne forme plus qu'un ſeul courant qui ſe porte vers le globe & s'en éloigne par un mouvement uniforme, en paſſant librement par les pores de ces corps. Le battant demeure donc en repos, & c'eſt l'avertiſſement d'une Electricité aſſez forte pour toucher le Claveſſin. Mais lorſque le mouvement de la matiere électrique eſt conſidérablement affoibli, le battant recommence ſon jeu, parce que le mouvement ſe perd plutôt dans le battant & dans le timbre qui ſont iſolés, que dans l'autre timbre qui communique au conducteur par un fil d'archal. Cela n'a pas beſoin de preuve. On peut donc appliquer aiſément à ce phénomene l'explication que nous venons de donner du premier.

Tandis qu'on ne touche point au clavier, les battants demeurent immobiles entre leurs timbres, parce que la matiere électrique des battants, des timbres, de la verge de fer qui les soutient, & du conducteur, ne forme qu'un seul courant. Mais en abaissant une touche, j'ôte le levier qui lui répond de dessus la verge électrisée, & je le fais toucher à une autre verge non isolée. La matiere électrique de cette verge étant donc comprimée par le choc de celle du levier, se débande & se réfléchit dans le levier même. Il se forme donc aussi-tôt dans ce levier, dans le fil d'archal & dans le timbre qui y communique, un courant particulier qui vient heurter le battant, & le pousse contre l'autre timbre dont il est à l'instant repoussé.

Pour bien comprendre ceci, souvenons-nous que le globe n'est électrique que par communication; que par conséquent la matiere électrique du conducteur & de tout ce qui y touche, se porte vers le globe; que si le conducteur n'étoit pas isolé sur des corps non électriques, & qui ne peuvent lui fournir une nouvelle matiere à la place de celle qu'il a communiquée au globe, celle qui résideroit dans lui étant toujours dans le même état de compression, ne pourroit être mise en mouvement. Lors donc que j'abaisse une touche, j'approche le levier qui y tient d'une verge de fer non isolée, & qui étant électrique par elle-même fournit au levier, & par conséquent au fil d'archal & au timbre qui y répond, une nouvelle matiere, le timbre en fournit au battant dont il est voisin, le battant va la porter à l'autre timbre; & comme par le mouvement de la matiere électrique, tel que nous venons de l'expliquer, le battant est nécessairement poussé & repoussé alternativement d'un timbre à l'autre, il puise, pour ainsi dire, continuellement la matiere électrique dans le premier, pour la donner au second, tant que le levier touche à la verge de fer non isolée; mais aussi-tôt qu'il retombe sur celle qui est électrisée, le battant s'arrête, parce que la matiere électrique est rétablie dans son premier équilibre.

J'aurois ſouhaité, MM. RR. PP. expoſer plus brievement & plus clairement ce peu de réflexions ſur le mouvement de la matiere électrique. J'eſpere que vous voudrez bien excuſer ce qu'il y aura de moins clair dans ma lettre à cauſe de l'obſcurité du ſujet.

J'ai l'honneur d'être, &c.

Ce 15 Juin 1759.

SECONDE LETTRE.

MM. RR. PP.

L'HONNEUR que vous avez fait à ma Lettre, en l'inſérant dans vos Mémoires, m'enhardit à vous en adreſſer une ſeconde. Je la crois néceſſaire pour éclaircir quelques points qui demandent une explication détaillée. J'en ſuis d'autant plus perſuadé que quelques perſonnes m'ont paru douter de la nouveauté du Claveſſin électrique.

On ſe rappelle, en liſant la deſcription que j'en ai faite, la vieille expérience des deux cloches qu'on fait ſonner continuellement par le moyen de la matiere électrique, & l'on peut penſer que le Claveſſin électrique n'eſt autre choſe que cette même expérience pouſſée un peu plus loin : il n'auroit donc plus le prix de la nouveauté. Mais il y a autant de diſtance pour le moins entre le phénomene des deux cloches & le Claveſſin, qu'il y en a entre une cloche miſe en branle & le carillon de la Samaritaine. Et pour ne pas m'éloigner du parallele que j'ai fait dans ma premiere Lettre, du Claveſſin électrique avec l'orgue, je demande ce que devoient penſer ceux qui virent la premiere orgue : l'invention de cet inſtrument devoit-elle leur paroître ancienne, parce qu'on avoit depuis long-temps trouvé le moyen de faire réſonner un tuyau en soufflant dedans? Je crois, MM. RR. PP. que la comparaiſon eſt juſte, & qu'elle peut diſſiper les doutes ſur la nouveauté du Claveſſin électrique.

Mais ce nom de Claveſſin n'eſt-il pas trop noble ? N'aurois-je pas dû le nommer Carillon électrique?

Il est beaucoup plus parfait que le carillon, & j'ai cru même pouvoir avancer qu'il a quelque avantage sur le Clavessin ordinaire, en ce qu'il distingue mieux les breves & les longues. Au reste si l'on veut absolument un carillon électrique, voici la maniere de l'exécuter. Il ne faut qu'un timbre pour chaque ton; on le suspendra par un cordon de soie à une verge de fer isolée; le battant suspendu à la même verge par un fil de métal, tombera à côté du timbre à la distance de deux ou trois lignes; ce timbre aura son fil d'archal, son levier, & tout le reste comme dans le Clavessin. Je ne fais pas une plus longue description de ce carillon, & je me hâte d'établir un peu plus solidement ce que j'ai avancé sur les corps électriques & sur les mouvements de la matiere de l'électricité.

Selon l'idée commune, un globe devenu électrique ou électrisé par frottement, semble communiquer l'Electricité au conducteur: & comme ce conducteur est isolé sur des corps qu'on suppose n'être pas électriques par communication, l'Electricité eſt bornée dans lui ou autour de lui. Mais qu'on demande à ceux qui prétendent que le verre, le ſoufre, &c. ſont électriques par eux-mêmes, & les autres corps par communication, quelle différence ils mettent entre ces deux ſortes de corps, je ne ſais s'ils pourront faire comprendre leur penſée.

» Généralement parlant, diront » quelques-uns, dans tous les corps » il y a autant de matiere électrique » qu'ils en peuvent contenir. Le verre » en eſt tellement pénétré qu'il ſem» ble qu'elle faſſe ſon eſſence. Si l'on » veut en donner à la matiere com» mune plus qu'elle n'en peut conte» nir, le ſurplus reſte ſur la ſurface. » Nous pouvons pomper le fluide éle» ctrique, & le faire ſortir de la ma» tiere commune par le moyen du » globe ou du tube. Quoique les » particules de la matiere électrique ſe » repouſſent l'une l'autre, elles ſont » fortement attirées par toute autre » matiere, mais plus fortement par le » verre que par les autres corps. »

Ne ſemble-t-il pas, MM. RR. PP. que nous ſoyons revenus au ſiecle de la vieille Physique, où l'on n'expliquoit les phénomenes de l'air ou du feu que par les mots d'attraction, de répulsion, de sympathie & d'antipathie? Suivant ce systême, quand est-ce que le globe communique de la matiere électrique? C'est quand il ne peut plus l'attirer ni la retenir. Le conducteur lui-même n'en souffre pas toujours de plus en plus autour de sa surface. Elle s'arrête à un certain point. C'est ainsi que dans les pompes, la nature n'a horreur du vuide que jusqu'à une certaine hauteur. Mais enfin puisque tous les corps ont, dit-on, autant de matiere électrique qu'ils en peuvent contenir, & qu'ils sont une espece d'éponge pour le fluide électrique, quelle grande différence y a-t-il donc entre les corps qu'on appelle électriques par eux-mêmes, & ceux qu'on appelle électriques par communication. Le voici: c'est que les uns sont électriques par communication, & les autres par eux-mêmes.

Dira-t-on que cette différence consiste en ce que la matiere électrique se meut plus difficilement dans les corps

corps appellés originairement électriques que dans les autres; mais cette idée paroît ne pouvoir s'accorder avec l'expérience. Présentez un morceau de fer au conducteur, vous tirerez une étincelle. Pourquoi? Parce qu'il y a un choc de la matiere électrique de ce fer contre celle du conducteur. Mais celle du morceau de fer n'est pas mise pour cela dans le mouvement électrique, il n'est pas électrisé, & vous le présenteriez inutilement à des corps légers, pour les attirer & les repousser. Présentez un tuyau de verre au même conducteur, il n'y aura point d'explosion, parce que la matiere électrique du conducteur ne rencontrant point de matiere semblable dans le verre, y entre & s'y meut sans résistance. Ce tuyau de verre devient ainsi élctrique par communication, il attire & repousse très-sensiblement les corps légers qu'on lui présente. Les corps qu'on a appellés électriques par eux-mêmes, seroient donc par leur nature absolument dépouillés de matiere électrique. C'est ainsi, que selon le systême de Copernic, on seroit tombé dans une grande erreur, en jugeant par le témoignage des ſens, que la terre eſt immobile, & que les aſtres tournent autour d'elle.

Je n'oſerois pas, MM. RR. PP. renverſer des principes établis depuis la naiſſance, pour ainſi dire, de l'électricité, ſi je n'étois fondé ſur des expériences ſouvent réitérées, telles que celles dont j'ai eu l'honneur de vous parler dans ma premiere lettre. Permettez-moi de répandre un peu plus de lumiere ſur ce que j'y ai dit du mouvement de la matiere électrique.

Le globe étant électrique par communication, & la main qui le frotte l'étant par elle-même, il eſt naturel de penſer que la matiere électrique de la main s'inſinue dans les pores du globe. Or le globe peut être ſuppoſé maſſif ou creux, plein ou vuide d'air: s'il eſt maſſif, les globules électriques qui ſe ſont inſinués dans ſes pores, ne peuvent pas manquer de rencontrer les parties ſolides du verre, de ſe comprimer par le choc, de ſe débander auſſi-tôt & de ſe réfléchir hors du globe. Mais ils rencontrent alors la reſiſtance de l'air qui environne le globe, & ils y ſont par conſéquent de nouveau repouſſés. Si le globe eſt creux & plein d'air, les globules électriques pénétrent pour la plupart juſqu'à cet air intérieur, le compriment & en ſont comprimés, ſe débandent & ſe réfléchiſſent hors du globe, & y ſont encore repouſſés par l'air extérieur. Si le globe eſt vuide d'air, les globules électriques n'y trouvant aucune réſiſtance, s'y portent abondamment & ne ſe réfléchiſſent point au-dehors : ainſi ce globe ne produit aucun effet à l'extérieur, ce qui eſt conſtant par l'expérience.

Voyons à préſent ce qui doit arriver au conducteur. Les globules électriques ſe réfléchiſſant au-dehors du globe par le choc & par la réſiſtance de l'air intérieur, doivent néceſſairement frapper les globules de la même matiere qui réſide dans le conducteur. S'il n'eſt pas iſolé ſur des corps non électriques, comme le verre ou la ſoie, ſa matiere électrique ne trouvant point où ſe retirer, oppoſe une réſiſtance invincible aux globules qui viennent la frapper ; ainſi il ne donne aucune marque d'électricité. S'il eſt iſolé, ſa matiere électrique cede au choc, elle ſe retire & ſe répand autour du conducteur; mais elle y eſt auſſi-tôt repouſſée par l'air extérieur qui l'environne, en même temps que celui qui environne le globe, y repouſſe auſſi la matiere qui s'eſt réfléchie à la rencontre de l'air intérieur : cet air intérieur du globe eſt donc choqué & comprimé dans le même inſtant par deux forces oppoſées, par la matiere électrique de celui qui frotte & par celle du conducteur. Il repouſſe, en ſe débandant, la matiere électrique dans le conducteur, mais non pas dans celui qui frotte; parce qu'il reçoit des corps environnants autant de matiere électrique qu'il en a communiqué au globe, & cette matiere étant toujours dans lui également ſoutenue & comprimée, ne peut céder au choc en ſe retirant. Il n'eſt donc pas électriſé.

J'oſe l'aſſûrer, MM. RR. PP. ſi l'on veut tirer toutes les concluſions qui ſuivent naturellement de ce principe, on retrouvera dans ces concluſions les expériences que nous faiſons tous les jours. Je me bornerai à quelques-unes pour ſervir d'exemple. Puiſque l'air intérieur du globe étant comprimé, repouſſe par ſa réaction la matiere électrique du conducteur, moins il ſera comprimé, moins l'électricité ſera forte. Or il le ſera moins ſi celui qui frotte eſt iſolé, parce que la matiere électrique qui réſide en lui ne ſera plus ſoutenue par celle des corps environnants, & cédera par conſéquent à la réaction de l'air. Ce fait eſt conſtant par l'expérience. Puiſque l'air extérieur qui environne le conducteur, y repouſſe par ſa réſiſtance & ſa réaction la matiere électrique; s'il oppoſoit moins de réſiſtance, cette matiere s'échapperoit plus abondamment & plus loin hors du conducteur; & c'eſt ce qui arrive aux pointes, d'où l'on voit cette matiere s'élancer en forme d'aigrettes: elle doit s'élancer ſous cette forme, & ſe ſéparer en rayons divergents à cauſe de la réſiſtance de l'air.

S'il n'y avoit point de conducteur, celui qui frotte le globe étant iſolé, ne s'électriſeroit preſque point, puiſqu'il n'y auroit pas alors deux courants opposés de matiere électrique ; & que celle qui est en lui, ne seroit poussée hors de son corps, que par la réaction de l'air intérieur du globe. Par la raison contraire, si quelqu'un non isolé touche le globe d'un côté, tandis que celui qui est isolé le frotte de l'autre, celui-ci sera fortement électrisé. Puisque le conducteur ne s'électrise que lorsqu'il est posé sur des corps non électriques, l'air qui l'environne n'est donc point électrique ; & s'il le devenoit par l'humidité, le conducteur ne s'électriseroit plus.

Si la phiole de Leyde, dont le crochet touche au conducteur étoit fêlée, l'eau qu'elle contient communiqueroit par la fêlure avec les corps environnants, le conducteur ne seroit donc plus isolé, & ne pourroit s'électriser. Je ne puis dire combien on s'est tourmenté pour trouver la cause de ce phénomene qui, comme on voit, est toute claire & toute simple. Au reste, il y a des phénomenes encore plus simples que celui-là, qui ont étonné les Electrisants. Cette toile d'araignée, par exemple, qu'on croit sentir à l'approche d'un tube électrisé, qui passe devant le visage, a paru un phénomene singulier. Ce n'est cependant autre chose, que le premier & le plus simple de tous : c'est l'effet de l'attraction. Ce sont les poils qui, suivant le mouvement du tube, se plient à droite, à gauche, se redressent & chatouillent l'épiderme. Je m'apperçois, MM. RR. PP. que je passe les bornes d'une Lettre, & je me hâte de finir, en vous assurant que je suis, &c.

Ce 3 d'Août, 1759.

LE CLAVESSIN

LE CLAVESSIN ÉLECTRIQUE.

J'ENTRERAI tout de ſuite dans le détail des expériences qui m'ont conduit à l'invention du Claveſſin électrique ; & je ne tâcherai de les expliquer qu'après avoir bien reconnu quels ſont les corps électriques, ce que c'eſt que cette matiere de l'Electricité , & quel eſt ſon mouvement.

Premiere Experience.

J'ai iſolé une verge de fer *a a*, *fig.* 1 ; j'y ai ſuſpendu une ſonnette *b*, par un cordon de ſoie , & un battant *c*, par un fil de métal. La verge étant électriſée , j'ai approché le doigt de la ſonnette, & auſſi-tôt le battant eſt venu la frapper. De là j'ai conclu qu'ayant pluſieurs timbres ſur les différents tons de l'octave, je pourrois réuſſir à en tirer quelques airs, en les touchant ainſi ſucceſſivement. J'y trouvois une difficulté; c'eſt qu'après avoir retiré le doigt, le battant frappoit encore la ſonnette deux ou trois fois, ce qui ne devoit produire qu'une grande confuſion. Il falloit donc faire enſorte que le battant ſe mît en mouvement dans l'inſtant que je toucherois à la ſonnette, & qu'il ſe tînt en repos auſſitôt que je ceſſerois d'y toucher.

Seconde Experience.

J'ai fait deſcendre un fil noir *g*, de la verge de fer à la ſonnette. Ce fil ſervoit, comme je le prétendois, de frein au battant, qui ne venoit plus frapper la ſonnette qu'à mon ordre, & quand je la lui montrois avec le doigt. Je diſpoſai donc pluſieurs timbres de différents tons, chacun avec ſon fil noir, & ſon battant *eee*; j'attachai auſſi à chacun de ces timbres un fil de laiton *ddd*, que je fixai par l'autre extrémité à un cordon de soie *ff*. Cela étant ainsi, & ayant établi une communication entre la verge de fer *aa* & le conducteur électrisé, je réussis à jouer le commencement d'un air, en touchant successivement aux extrémités *iiii* des fils *ddd*.

Mais si les fils noirs avoient un avantage, en ce qu'ils empêchoient le battant de revenir sur la sonnette, quand je cessois de toucher à son fil de laiton ; ils avoient aussi un inconvénient, c'est que la vîtesse du battant en étoit considérablement affoiblie, & que le choc en étoit beaucoup moins sensible. Je tâchai donc de remédier à cet inconvénient, en augmentant la force de l'Electricité.

TROISIEME EXPERIENCE.

Je remplis à moitié d'eau une phiole de verre blanc, & je la plongeai à moitié dans l'eau ; on sait que cette phiole sert à l'Expérience de Leyde, & qu'étant isolée elle ne peut s'électriser. Je n'avois pas encore lu les Lettres de M. Franklin, & j'ignorois absolument qu'il eût pensé avant moi & comme moi sur cet article. On voit qu'en plongeant la phiole dans l'eau, j'avois en vue d'augmenter ſa vertu électrique, & par conſéquent celle du conducteur qui y communiquoit par un fil d'archal. Le mouvement de mes battants devint donc plus vif; mais il le devint tellement qu'il n'étoit plus poſſible de toucher impunément aux fils *iii*: je recevois, en y touchant, une commotion trop violente pour que je priſſe plaiſir à cette nouvelle Muſique; & je penſai à la rendre un peu moins piquante.

QUATRIEME EXPERIENCE.

Je me ſervis, pour toucher les fils *iii*, d'un morceau de fer fixé au bout d'un tube de verre. J'évitai par ce moyen la commotion; mais il me fut impoſſible de tirer plus de trois ſons, parce que le morceau de fer étant iſolé, s'électriſa bien-tôt par le contact des fils de laiton. Quelqu'un étant alors ſurvenu, je me déterminai à ſouffrir quelques étincelles pour lui faire voir l'eſſai du carillon électrique: je jouai un commencement d'air aſſez paſſablement; & étant monté ensuite sur un pain de résine, je touchai inutilement aux fils de laiton : cette personne en étoit toute surprise ; mais je lui en fis bientôt sentir la raison en lui tirant une forte étincelle.

CINQUIEME EXPERIENCE.

J'établis un clavier, de sorte que l'extrémité de chaque touche étoit sous chacun des fils *iiii*; ces touches étant de bois, elles étoient moins propres qu'un corps métallique, à me donner la commotion; mais aussi le mouvement des battants en étoit beaucoup plus foible.

SIXIEME EXPERIENCE.

A l'extrémité *i*, *fig.* 2, du fil de laiton *d*, j'adaptai un petit levier de fer *f*, qui se terminoit en anneau à l'extrémité *i*, & qui jouoit librement dans un anneau semblable du fil *d*. Ce levier reposoit sur une verge de fer *c*, isolée sur deux petits tubes de verre, & communiquant au conducteur par le moyen d'un fil d'archal ; quand on baissoit la touche *t*, on élevoit l'extrémité *e* d'une baſcule *b*, & l'on portoit le levier *f*, attaché à cette baſcule par un fil de ſoie *s*, contre une autre verge de fer non iſolée *n*; dans l'inſtant du contact, le battant frappoit le timbre, & demeuroit enſuite en repos, auſſi-tôt que le levier retomboit ſur la verge iſolée & électriſée *c*: je pouvois ainſi toucher impunément & ſans me donner de commotion. Je diſpoſai tous mes timbres de la même maniere, & j'en fis le carillon électrique dont j'ai parlé dans ma ſeconde lettre.

Il me parut que l'invention de ce carillon n'étoit que ſinguliere, & qu'elle n'avoit aucune utilité, puiſqu'il étoit plus court de frapper les timbres avec un petit marteau; je penſai donc à le convertir en Claveſſin plus parfait, s'il ſe pouvoit, que les Claveſſins ordinaires.

SEPTIEME EXPERIENCE.

J'attachai donc à la verge de fer *v*, avec un fil d'archal, un autre timbre *m*, à l'uniſſon du premier *p*, & je laiſſai tomber entre deux le battant ſuſpendu à la verge par un fil de

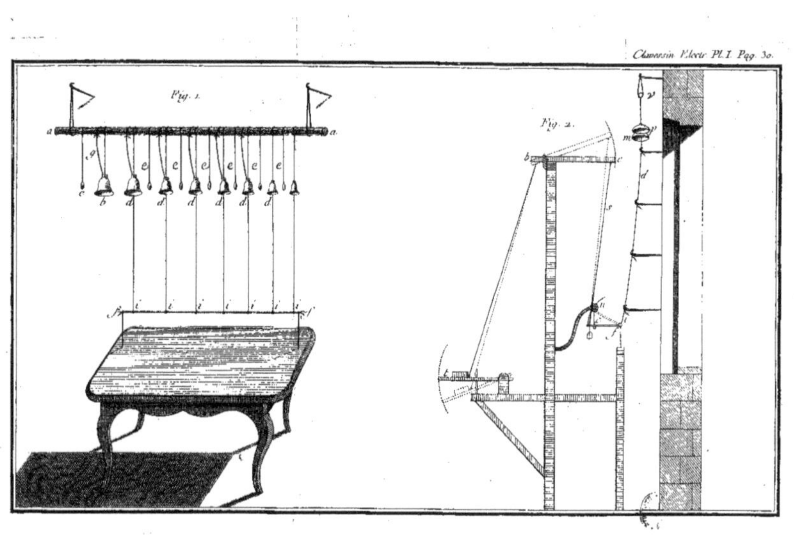
Fig. 1.
Fig. 2.

ſoie : j'eus par ce moyen l'effet que je deſirois. Quand en baiſſant la touche *t*, je portois le levier *f* contre la verge non iſolée *n*, le battant ſe mettoit dans un mouvement très-vif, & frappoit alternativement les deux timbres *p*, *m*, avec tant de vîteſſe, qu'il n'en réſultoit qu'un ſon. Ayant donc pluſieurs timbres diſpoſés de la même façon, on pourra faire un Claveſſin aſſez parfait.

FIGURE 3, *ab*, verge iſolée qui ſoutient les timbres.

c c c, fils d'archal attachés aux timbres iſolés.

d d d, cordons de ſoie qui retiennent les fils d'archal *c c c*.

e e, fil d'archal qui porte l'électricité du conducteur *f* à la verge *a b*.

g g, autre fil d'archal qui va du même conducteur à la verge de fer *h*.

i i i, tuyaux de verre.

k k, petits leviers de fer qui ſe meuvent dans des charnieres maſtiquées au ſommet des tuyaux *i i i*.

l l, fils de laiton par le moyen deſquels le clavier *m m* fait mouvoir les baſcules *n n*.

Il s'agit à préſent d'expliquer toutes les expériences qui ont précédé l'invention de ce Claveſſin, & qui accompagnent le jeu ; mais il faut pour cela développer un ſyſtême entier, & commencer depuis le plus ſimple phénomene électrique ; juſqu'à celui qui paroît le plus composé & le plus inexplicable.

QUESTIONS PRÉLIMINAIRES.

PREMIERE QUESTION.

Quels ſont les Corps électriques ?

PREMIERE EXPÉRIENCE.

Si l'on frotte un morceau d'ambre, un diamant, un bâton de cire d'Eſpagne, ou de ſoufre, un tube de verre, ces corps attireront & repouſſeront alternativement tout ce qu'on leur préſentera de léger à quelque diſtance.

CONCLUSION.

Après le frottement, il y a autour de ces corps une matiere agiſſante.

SECONDE EXPÉRIENCE.

Frottez deux bâtons de cire d'Espagne, ou deux morceaux de souffre l'un contre l'autre, ils ne deviendront pas électrisés, ou ils ne donneront que des signes très-foibles & presque insensibles d'électricité.

CONCLUSION.

Ces corps n'acquierent pas la vertu électrique, à l'occasion du seul frottement, ou l'on ne peut pas dire qu'un frottement quelconque excite autour d'eux une matiere sensiblement agissante.

TROISIEME EXPÉRIENCE.

Si vous frottez un bâton de cire d'Espagne ou de soufre sur une lame de cuivre ou d'acier, ou si après les avoir frottés l'un contre l'autre, vous les appliquez un instant sur votre main, ils deviendront sensiblement électrisés.

CONCLUSION.

Ces corps ont été préparés par le frottement à recevoir de la lame de métal, ou de votre main, une matiere qu'ils n'avoient pas auparavant, ou dont ils n'avoient qu'une trop petite quantité pour produire un effet bien ſenſible.

QUATRIEME EXPÉRIENCE.

Frottez auſſi long-temps & auſſi fort que vous le voudrez, deux morceaux de métal l'un contre l'autre, ils ne s'électriſeront pas. (Il faut bien diſtinguer ces deux termes, *électrique & électriſé.*) J'appelle un corps électrique celui qui contient la matiere de l'Electricité ; & corps électriſé, celui autour duquel la matiere électrique eſt miſe en mouvement. Ainſi nous venons de voir que le métal eſt électrique, puiſqu'il communique cette matiere au ſoufre. C'eſt la concluſion de l'expérience précédente : nous voyons donc préciſément dans celle-ci que deux morceaux de métal ne peuvent être électriſés par un frottement mutuel, parce qu'étant tous deux pénétrés de matiere électrique, ils ne peuvent pas s'en communiquer l'un à l'autre.

CINQUIEME EXPÉRIENCE.

Frottez deux lames de verre bien nettes & bien ſeches l'une contre l'autre, elles deviendront un peu électriſées.

CONCLUSION.

Le verre n'eſt pas un corps pleinement & parfaitement électrique comme les métaux ; il ne contient, comme les matieres ſulphureuſes & réſineuſes, qu'une petite quantité de matiere électrique ; il en peut recevoir d'un autre corps ; & ſi vous frottez une lame de verre ſur une d'acier, celle-là deviendra très-ſenſiblement électriſée. Ainſi :

PREMIER PRINCIPE GÉNÉRAL.

Réponſe à la premiere Queſtion.

Les corps qu'on a appellé électriques par eux-mêmes, comme le verre, le ſoufre, les réſines, ne le ſont gueres que par communication ; & ceux qu'on a appellé électriques par communication, comme les métaux & les corps vivants, le ſont par eux-mêmes :

les premiers ſont preſqu'entiérement dépouillés de matiere électrique, & les ſeconds en ſont naturellement pénétrés.

Mais pourquoi réduire ainſi à deux ſeules eſpeces, tant de corps dont les qualités ſont ſi variées? Quelle analogie, par exemple, y a-t-il entre l'eau & les métaux; & pourquoi, étant d'ailleurs ſi différents, s'accorderoient-ils en ce qu'ils ſeroient électriques par eux-mêmes? Pourquoi auſſi le verre & la ſoie le ſeroient-ils également par communication? Malgré l'oppoſition qui paroît entre ces différents corps électriques, & non électriques, ceux que nous appellons électriques par eux-mêmes, s'accordent tous dans un point, c'eſt qu'ils réſiſtent fortement à l'action du feu; tels ſont les métaux & l'eau. Et ceux qui ſont électriques par communication, ne reſiſtent preſque point à cette action du feu commun; tels ſont les réſines, le ſoufre & le verre lui-même, qui ſe fond aſſez aiſément, & ſe file comme les matieres réſineuſes. Une corde ſeche, un morceau de bois ſec ne ſont pas électriques ; mais si vous mouillez cette corde, elle deviendra électrique ; une branche verte le sera aussi. On peut donc dire en général que tout corps inflammable ou combustible, est presqu'entiérement dépouillé de matiere électrique, & que les autres corps en sont naturellement pénétrés.

II. QUESTION.

Qu'est-ce que la matiere électrique?

PREMIERE EXPÉRIENCE.

Un globe de verre frotté pendant quelque temps répand autour de lui une odeur assez sensible. La même odeur se fait sentir encore plus fortement quand on excite les aigrettes lumineuses qui s'élancent des pointes du conducteur.

CONCLUSION.

La matiere électrique n'est pas un feu pur.

SECONDE EXPÉRIENCE.

Les aigrettes ne s'élancent qu'avec

un ſifflement, un pétillement ; & les étincelles que l'on tire du conducteur ne ſont jamais ſans exploſion.

CONCLUSION.

La matiere électrique eſt moins pure & moins ſubtile que la lumiere ou le feu élémentaire.

TROISIEME EXPÉRIENCE.

Mettez une brique ſur un réchaud de terre plein de charbons ardents, de ſorte que le fonds du réchaud en ſoit rouge. Poſez la phiole électriſée ſur cette brique, ſur laquelle vous répandrez de la pouſſiere de bois, ou de légeres feuilles d'or. Si vous touchez d'une main le crochet de la phiole, vous attirerez & repouſſerez de l'autre les corps légers répandus ſur la brique. Cette expérience ſe fait de même ſur un pain de réſine.

CONCLUSION.

Le réchaud devient donc par l'action du feu comme un pain de réſine par rapport à la phiole : or le pain de réſine eſt un corps non électrique. (*Rép. à la premiere Question.*) Le réchaud devient donc comme non électrique?

QUATRIEME EXPÉRIENCE.

Faites fondre de la résine dans une cuiller de fer. Tandis que cette matiere sera brûlante, elle ne donnera aucun signe d'électricité ; mais elle deviendra un peu électrisée en se refroidissant. Or elle s'électrise par communication ; c'est la matiere électrique de la cuiller de fer qui s'insinue dans les pores dilatés de la résine. Pourquoi donc ne paroît-elle électrisée que lorsqu'elle se refroidit?

CONCLUSION.

L'action des particules ignées est contraire au mouvement électrique.

CINQUIEME EXPÉRIENCE.

Présentez un morceau de fer ardent au conducteur, il produira une étincelle beaucoup plus foible que s'il étoit froid.

CONCLUSION.

L'action du feu commun dans un

corps pénétré de matiere électrique comme le fer, y met cette matiere dans un mouvement moins propre à exciter une étincelle que son état ordinaire dans le fer.

SIXIEME EXPÉRIENCE.

Approchez la flamme d'une bougie du conducteur, elle n'excitera point d'étincelles.

CONCLUSION.

Le feu commun étant dans son mouvement le plus vif ne peut produire aucune étincelle électrique.

SEPTIEME EXPÉRIENCE.

Posez une bougie allumée sur un support isolé & électrisé, présentez le doigt à cette flamme, vous n'y remarquerez aucun mouvement d'attraction ni de répulsion; elle n'attirera point les corps légers, & vous ne pourrez pas en tirer d'étincelles.

CONCLUSION.

Le feu commun ne peut être électrisé. Il n'est probablement pas électrique. Il y a quelques expériences qui

qui ſemblent contraires à cette concluſion. Nous tâcherons de les expliquer, quand nous aurons bien établi la nature du mouvement électrique.

HUITIEME EXPÉRIENCE.

La matiere électrique demeure inviſible autour du conducteur, & n'y paroît ſous la forme de feu, que lorſqu'elle eſt choquée par une matiere ſemblable d'un corps qu'on préſente au conducteur.

CONCLUSION.

La matiere électrique n'eſt pas proprement du feu, mais ſeulement une matiere aiſément inflammable.

SECOND PRINCIPE GÉNÉRAL.

Réponſe à la ſeconde Queſtion.

La matiere électrique eſt moins ſubtile que le feu élémentaire, & plus ſubtile que le feu commun ; elle eſt probablement compoſée de globules élaſtiques qui ſe briſent & s'enflamment les uns contre les autres.

III. QUESTION.

Quel est le mouvement de la matiere électrique ?

PREMIERE EXPÉRIENCE.

Les corps légers que l'on présente au globe ou au conducteur en sont attirés & repoussés alternativement. Or si la matiere électrique couloit sans cesse du globe ou du conducteur, il n'y auroit point d'attraction ; si elle s'y portoit sans cesse, il n'y auroit point de répulsion. Si elle en sortoit & y entroit en même temps par deux côtés différents, il n'y auroit que répulsion d'un côté & attraction de l'autre.

CONCLUSION.

La matiere électrique sort du globe & du conducteur, & y rentre alternativement.

SECONDE EXPÉRIENCE.

Si le globe est vuide d'air, toute l'électricité se concentre dans son intérieur, & il n'en donne extérieurement que des signes très-foibles.

Conclusion.

L'air intérieur du globe ſert, par ſa réſiſtance & ſon élaſticité, au mouvement de la matiere électrique.

Troisieme Expérience.

Si celui qui frotte le globe eſt iſolé ſur un corps non électrique, comme ſur un gâteau de réſine, l'électricité du conducteur en ſera plus foible.

Conclusion.

Le mouvement de la matiere électrique du conducteur eſt plus ou moins fort, ſelon que la matiere électrique de celui qui frotte, eſt plus ou moins abondante, plus ou moins ſoutenue par celle des corps environnants.

Quatrieme Expérience.

S'il n'y a point de conducteur, celui qui frotte le globe étant iſolé, ſera très-peu électriſé, c'eſt-à-dire, que ſa matiere électrique ſera miſe dans un mouvement très-foible; mais ſi quelqu'un non iſolé touche le globe du côté oppoſé à la main de celui qui frotte, celui-ci sera fortement électrisé.

CONCLUSION.

La matiere électrique de celui qui étant isolé frotte le globe, reçoit son plus grand mouvement de celle du conducteur; & de même celle du conducteur reçoit son mouvement de la matiere électrique de celui qui frotte le globe. Voici donc comment nous pouvons raisonner sur le mouvement de la matiere électrique: celle du corps qui frotte le globe s'insinue avec vîtesse dans ses pores dilatés; elle se réfléchit à la rencontre des parties solides du globe, s'il est massif, & à la rencontre de l'air intérieur, s'il est creux; cette matiere qui s'étant portée dans le globe, se réfléchit ainsi hors du globe, frappe l'air extérieur qui l'environne, cet air comprimé par le choc, se débande, & repousse, par son ressort, la matiere électrique vers le globe dont elle est à l'instant repoussée par l'air intérieur. Considérant la matiere électrique dans le second instant de son mouvement, c'est-à-dire, dans celui où s'étant portée vers l'air intérieur du globe, elle en eſt repouſſée & ſe réfléchit, j'appelle ce mouvement le *Flux*, & je nomme *Reflux* celui par lequel elle retourne vers le globe, y étant pouſſée par l'air extérieur. La matiere électrique du conducteur doit avoir le même mouvement de flux & de reflux ; car les globules électriques réfléchis à la rencontre de l'air intérieur du globe, choquent néceſſairement les globules ſemblables qui réſident dans le conducteur ; ces globules que je conſidere comme formant pluſieurs files contiguës, ſe débandent après le choc, & ſe portent vers le globe, en même temps que la matiere électrique qui lui a été communiquée par le corps frottant, & qui en a été enſuite chaſſée par la réſiſtance de l'air intérieur, y eſt repouſſée par l'air extérieur.

Si le conducteur n'eſt pas iſolé ſur des corps non électriques comme ſur la ſoie, il reçoit des corps électriques qui le ſoutiennent & le touchent, autant de matiere électrique qu'il en a communiqué au globe, & par conſéquent cette matiere étant toujours dans lui au même état de compression, ne peut être mise en mouvement de flux & de reflux; mais s'il est isolé, ses globules électriques choqués par les rayons du globe, cedent au choc, se retirent, se répandent autour de lui, & y étant repoussés par l'air extérieur, ils se portent de nouveau vers le globe. Ainsi je me servirai du terme de *flux*, en parlant du mouvement par lequel les globules électriques du conducteur en sortent & se répandent autour de lui; & du nom de *reflux*, pour exprimer le retour de ces globules dans le conducteur & vers le globe.

L'air intérieur du globe est donc comprimé en même temps par deux courants opposés de matiere électrique, l'un qui vient du corps frottant, & l'autre du conducteur. Cet air ainsi comprimé repousse la matiere électrique du côté où il y a moins de résistance; or il y en a moins dans le conducteur isolé que dans celui qui frotte le globe, puisque sa matiere électrique est toujours également soutenue par celle des corps environnants. Mais s'il monte sur un gâteau de résine, l'air comprimé agit également en se débandant contre sa matiere électrique & contre celle du conducteur. Or la compression étant comme la résistance, & la restitution comme la compression, l'air est moins comprimé, quand celui qui frotte le globe est isolé, parce que sa matiere électrique offre moins de résistance à la réaction de l'air : l'Electricité est donc alors plus foible. Ainsi :

TROISIEME PRINCIPE GÉNÉRAL.

Réponse à la troisieme Question.

La matiere électrique se meut selon les loix du mouvement dans les corps élastiques. C'est donc par ces loix que nous devons expliquer tous les phénomenes électriques, quelque variés qu'ils paroissent, & c'est ce que nous allons tâcher de faire. On peut les réduire à trois classes : dans la premiere sont les phénomenes d'attraction ; dans la seconde, ceux d'inflammation ; dans la troisieme, ceux de percussion ou de commotion.

PREMIERE CLASSE.

PHÉNOMENES D'ATTRACTION.

PREMIERE EXPERIENCE, à laquelle ſe réduiſent toutes les autres.

LAISSEZ tomber de votre hauteur une légere feuille de métal, & préſentez auſſi-tôt au-deſſus de cette feuille un tube de verre nouvellement frotté; elle ſera attirée & demeurera attachée au tube, ſouvent auſſi elle en ſera auſſi-tôt repouſſée, de ſorte que vous eſſayerez inutilement d'empêcher ſa chûte, en lui préſentant encore le tube, quelque près que vous l'en approchiez; ſi au moment de la répulſion, vous lui préſentez le doigt, elle s'y portera, & retournera auſſi-tôt vers le tube.

EXPLICATION.

Qu'on ſe ſouvienne que je me ſers du terme de *flux*, en parlant du mouvement par lequel la matiere électrique s'élance hors du tube, en étant chaſſée

chaſſée par l'air intérieur, & du nom de *reflux*, lorſqu'il s'agit du mouvement par lequel elle ſe porte vers le même tube, y étant repouſſée par l'air extérieur. J'appellerai *Atmoſphere électrique*, l'eſpace *a a a a*, *fig.* 4, occupé par la matiere électrique élancée hors du tube. Je nommerai *Air condenſé*, *b b b b*, celui qui borne cet eſpace. Je conſidere deux ſurfaces dans la feuille de métal dont il s'agit. L'une ſupérieure, *e*, qui eſt expoſée à l'atmoſphere électrique, & l'autre inférieure, *m*, qui regarde l'air condenſé. Je diſtingue ſix circonſtances dans l'expérience propoſée.

1°. La feuille de métal n'eſt point repouſſée à l'approche du tube.

2°. Elle eſt attirée.

3°. Elle eſt ſouvent auſſi-tôt repouſſée.

4°. Elle demeure auſſi ſouvent attachée au tube.

5°. Elle n'eſt plus attirée de nouveau quand elle a été repouſſée.

6°. Si on lui préſente le doigt, elle s'y porte, & retourne auſſi-tôt vers le tube.

La premiere Circonſtance paroît d'abord tout-à-fait contraire à nos idées ; car cette feuille ſe trouvant tout d'un coup expoſée aux rayons du tube, devroit être plutôt repouſſée qu'attirée. Tâchons de réſoudre cette difficulté. Nous avons dit que l'air oppoſoit une certaine réſiſtance à l'éruption de la matiere électrique ; que c'étoit pour cela que cette matiere ſe diviſoit en pluſieurs rayons divergents. Qu'arrive-t-il donc quand quelques-uns de ces rayons rencontrent un corps d'une certaine ſurface, comme la feuille de métal en queſtion ? On le comprendra aiſément par la comparaiſon ſuivante. Il ne faut pas grand effort pour enfoncer dans l'eau la pointe d'une épée : mais on n'enfonceroit pas de même un corps d'une certaine ſurface, une planche, par exemple ; en la frappant avec cette pointe, on ſentiroit d'autant plus de réſiſtance, qu'on frapperoit avec plus de force. Appliquons ce fait à notre expérience, & ſans autre explication, nous verrons pourquoi les rayons électriques ne peuvent point repouſſer la feuille de métal.

Mais comment eſt-elle attirée ?

Seconde Circonſtance. Quelques-uns des rayons du tube, *i i i i i*, frappent les parties ſolides du métal. Quelques autres choquent la matiere électrique qui réſide dans ſes pores : cette matiere, *m*, ainſi frappée cede au choc, & ſe retire ; mais elle eſt auſſi-tôt repouſſée par la réſiſtance de l'air, *n*, contre la ſurface inférieure de la feuille, & par conſéquent cette feuille eſt entraînée en ſuivant le reflux de la matiere électrique vers le tube.

Troiſieme Circonſtance. Elle en eſt repouſſée auſſi-tôt qu'elle l'a touché ; or ce que nous avons dit pour prouver que les rayons électriques ne pouvoient la repouſſer dans le premier inſtant, ne prouveroit-il pas auſſi qu'elle ne peut être repouſſée, après avoir été attirée ? Il faut toujours ſe rappeller que les rayons du tube ſont divergents ; qu'ils forment des angles aigus dont le ſommet eſt à la ſurface même du tube, & que par conſéquent la matiere électrique eſt plus ſerrée immédiatement autour du tube, qu'à quelque diſtance. La feuille de métal ayant été attirée vers ce tube, eſt donc dans l'inſtant où elle le touche, expoſée à un plus grand nombre de rayons électriques. D'ailleurs ces rayons ont évidemment plus de force dans le premier inſtant de leur éruption hors du tube, que lorſqu'ils ont déja parcouru un certain eſpace. La feuille de métal qui n'a pas été repouſſée dans le premier inſtant où on lui a préſenté le tube, peut donc l'être, & l'eſt en effet aſſez ſouvent auſſi-tôt qu'elle l'a touché.

Quatrieme Circonſtance. Je dis que cette feuille eſt aſſez ſouvent repouſſée; car il arrive auſſi qu'elle ne l'eſt point, & qu'elle reſte collée contre le tube. Pour en bien comprendre la cauſe, rappellons-nous comment elle a été attirée ou pouſſée vers le tube. Nous avons dit que la matiere électrique qui réſidoit dans ſes pores, ayant été choquée & chaſſée par les rayons du tube, & ayant rencontré la réſiſtance de l'air condenſé, s'eſt réfléchie en grande quantité contre les parties ſolides de la ſurface inférieure. Or les globules élaſtiques dont cette matiere eſt compoſée, ne peuvent frapper ainſi ces parties ſolides, ſans ſe comprimer, & ſans ſe réfléchir, & ils ne peuvent ſe réfléchir ſans rencontrer encore la réſiſtance de l'air qui les repouſſe contre les mêmes parties. La feuille de métal eſt donc frappée en même temps par deux forces oppoſées, c'eſt-à-dire, ſur la ſurface ſupérieure par les rayons du tube, & ſur la ſurface inférieure, comme nous venons de l'expliquer. Par conſéquent, ſi elle eſt plus fortement frappée ſur la ſurface inférieure, elle doit demeurer attachée au tube, ſi elle eſt au contraire plus fortement frappée ſur la ſurface ſupérieure, elle doit être repouſſée.

Mais lorſqu'elle aura été ainſi repouſſée à une certaine diſtance du tube, elle ſera frappée ſur la ſurface ſupérieure par un plus petit nombre de rayons, & qui ont moins de force à cette diſtance, qu'ils n'en avoient en s'élançant immédiatement du tube. Il arrive donc alors que cette feuille eſt frappée par deux forces à peu-près égales ſur ſes deux ſurfaces, elle ne doit donc pas être ſenſiblement attirée ni repouſſée: *Cinquieme Circonſtance* du phénomene proposé. Remarquons cependant que dans cette expérience, la feuille ne demeure pas suspendue en l'air au-dessous du tube, ou du moins que cette circonstance est très-rare, nous en dirons bien-tôt la raison.

Enfin, *Sixieme Circonstance*, si l'on présente le doigt à la feuille de métal, aussi-tôt après la répulsion, elle s'y porte, & retourne aussi-tôt vers le tube. Les rayons électriques, *m*, qui sont, comme nous l'avons dit, en mouvement de flux & de reflux, du côté de la surface inférieure de la feuille, & qui étoient bornés dans l'espace, *n*, par la résistance de l'air, s'insinuent dans le doigt *d*, qu'on leur présente, l'équilibre qui étoit entre ces rayons, & ceux qui s'élançoient du tube contre la surface supérieure, est donc subitement rompu. Ceux-ci n'étant plus contrebalancés par une force égale, poussent la feuille vers le doigt; mais elle est aussi-tôt repoussée vers le tube. Pourquoi cela? Parce que les globules électriques qui se sont insinués dans le doigt, y ont rencontré une matiere semblable; ils l'ont frappée, comprimée, & se sont comprimés eux-mêmes, d'autant plus fortement qu'ils sont venus choquer cette matiere avec plus de vîtesse ; ils se réfléchissent donc contre la surface inférieure de la feuille, la frappent plus vivement qu'auparavant, & devenus à leur tour vainqueurs des rayons du tube, ils y poussent cette feuille qui en est aussi-tôt repoussée par ceux-ci ; & ainsi alternativement.

La même expérience se fait encore de cette maniere. On laisse tomber la feuille de métal sur le tube : 1°, Elle y reste quelquefois attachée : 2°, Elle est quelquefois repoussée en l'air : 3°, Elle y demeure suspendue au-dessus du tube : 4°, Si on en approche le doigt, elle s'y porte, & se précipite aussi-tôt sur le tube. Il est visible que cette expérience ne differe de la premiere, qu'en ce que la feuille demeure suspendue en l'air dans l'une & non dans l'autre. Nous avons dit que cette feuille ayant été une fois repoussée, se trouve frappée par deux forces à peu près égales sur ses deux surfaces, & qu'elle ne doit par conséquent être sensiblement ni attirée ni repoussée ; pourquoi donc ne demeure-t-elle pas suspendue au-dessous du tube dans la premiere circonstance, comme elle reste au-dessus dans la seconde ? Il me paroît que la raison de cette différence est bien claire & bien simple ; c'est que dans la premiere façon de faire cette expérience, la feuille de métal est repoussée dans la direction de sa pesanteur ; elle s'éloigne donc du tube par un mouvement accéléré qui doit rompre l'équilibre des rayons électriques qui la frappent sur les deux surfaces, au lieu que dans la seconde maniere, elle est repoussée dans une direction opposée à sa gravitation. Elle doit donc demeurer dans cet équilibre ; la même force qui l'a poussée pouvant la soutenir.

Pour ne rien oublier de ce qui a rapport à cette premiere expérience, qui est comme le principe de toutes les autres, nous devons ajouter encore une circonstance à celles que nous venons d'expliquer. Ainsi, *septieme Circonstance*, quand la feuille de métal demeure collée sur le tube, si vous lui présentez le doigt, il arrivera, ou que vous l'attirerez, ou que vous la repousserez, de façon qu'elle s'attachera au tube plus fortement & plus immédiatement dans toutes ses parties, qu'auparavant ; ou bien encore elle ne fera que se redresser vers votre doigt, & se tiendra debout sur le tube.

Le premier de ces effets revient à la sixieme circonstance. Les rayons électriques de la surface inférieure de la feuille, s'insinuent dans le doigt ; & par conséquent les rayons qui frappent l'autre surface, la portent vers le doigt. Mais il arrive aussi assez souvent, que les rayons de la surface inférieure sont si abondants, & ceux de l'autre surface si rares, que les premiers l'emportent toujours, quoique quelques-uns se soient insinués dans le doigt. La feuille doit donc d'abord demeurer attachée au tube ; & puisque ces rayons de la surface inférieure qui se sont portés dans le doigt, reviennent sur cette surface avec plus de force qu'auparavant, ils doivent appliquer la feuille de métal au tube, plus fortement & plus immédiatement qu'elle ne l'étoit.

J'ai dit que les rayons du tube qui frappent la ſurface ſupérieure de la feuille, pouvoient être fort rares. Pour le bien comprendre, il faut remarquer qu'un grand nombre de ces rayons peut paſſer librement par les pores de cette feuille, & que par conſéquent ils n'ont aucun effet ſur la ſurface qui eſt appliquée au tube, & que nous avons nommée ſurface ſupérieure; & au contraire une partie de ces rayons qui vont choquer le doigt, revient ſur la ſurface inférieure. Or il peut arriver que les rayons du tube frappent un des côtés de la feuille plus vivement que l'autre, & de même que les rayons réfléchis à la rencontre du doigt, ſoient moins abondants & moins vifs ſur celui-là que ſur celui-ci; il eſt donc néceſſaire que la feuille ſoit repouſſée du tube par une de ſes extrémités, & appliquée par l'autre au même tube; elle ſe redreſſe donc en ſe dirigeant vers le doigt; troiſieme effet que nous venons de rapporter, & qu'il falloit expliquer.

PREUVES DE TOUTE CETTE EXPLICATION.

Premiere preuve pour la premiere circonstance.

Nous avons dit qu'il n'y avoit point d'autre cause de ce que la feuille n'étoit point d'abord repoussée, que la résistance de l'air. En effet, suspendez-la au fond d'un récipient, & après en avoir pompé l'air, présentez-lui le tube; elle sera constamment repoussée.

Seconde preuve pour la seconde circonstance.

La feuille est attirée ou poussée vers le tube, parce que la matiere électrique qu'elle contient dans ses pores, étant frappée par les rayons élancés du tube, se retire, cede au choc, & est aussi-tôt repoussée par la résistance de l'air contre la surface inférieure de cette feuille. Que doit-il donc arriver si la feuille n'est point environnnée d'air? elle n'opposera aucune résistance à l'éruption des rayons du tube; sa matiere électrique ne ſera point chaſſée de ſes pores ; elle ne ſera donc point attirée, après avoir été repouſſée ; & c'eſt ce qui arrive dans le vuide du récipient où elle tombe après la répulſion, & auſſi-tôt qu'on retire le tube, au même état de ſuſpenſion où elle étoit auparavant.

Troiſieme Preuve pour la 3e, 4e & 5e Circonſtance.

La feuille eſt repouſſée auſſi-tôt après avoir touché le tube, parce qu'elle eſt, dans l'inſtant où elle le touche, expoſée à un plus grand nombre de rayons ; elle y reſte auſſi quelquefois attachée, parce qu'une grande partie de ces rayons paſſent au travers de ſes pores. Si cela eſt ainſi, un corps non électrique, comme un brin de ſoie ou une particule de verre ſoufflé, ne doit point être repouſſé, ou du moins ne doit l'être que rarement, puiſque ces corps ſont électriques par communication, c'eſt-à-dire, que les rayons électriques s'inſinuent dans leurs pores qui ſont dépourvus de cette matiere ; c'eſt ce qui arrive en effet : il eſt très-rare qu'un brin de ſoie, par exemple, ſoit repouſſé après avoir touché le tube : mais comment y eſt-il attiré ? comment accorder l'attraction des corps non électriques avec les principes que nous avons poſés ?

Nous avons dit qu'un corps électrique, comme une légere feuille de métal, étoit attiré, parce que ſa matiere électrique étant chaſſée de ſes pores, s'eſt réfléchie contre les parties ſolides de ſa ſurface inférieure; or nous n'en pouvons pas dire autant d'un brin de ſoie, puiſqu'il ne contient point cette matiere. Tâchons de réſoudre cette difficulté. Un grand nombre des rayons du tube paſſe au travers des pores du brin de ſoie, & va frapper l'air condenſé, qui eſt en contact avec ſa ſurface inférieure : la réſiſtance de l'air les repouſſe donc contre cette ſurface ; ils entraînent donc le brin de ſoie par le mouvement de reflux vers le tube ?

Quatrieme preuve pour la ſixieme circonſtance.

La feuille ſe porte vers le doigt qu'on lui préſente, parce que les rayons de ſa ſurface inférieure s'inſinuent dans le doigt, & qu'ils cedent par conſéquent à ceux qui frappent la ſupérieure. Mais ils rencontrent la matiere électrique réſidente dans le doigt.

Ils ſe réfléchiſſent donc après le choc avec plus de vîteſſe qu'auparavant contre la feuille, & la repouſſent vers le tube. Préſentez, au lieu du doigt, un bâton de cire d'Eſpagne: la feuille s'y portera avec autant de vîteſſe pour le moins, que vers le doigt, puiſque la matiere électrique paſſe encore plus librement dans les pores de la cire que dans ceux d'un corps électrique. Mais puiſque la cire n'eſt pas électrique par elle-même, les globules électriques de la feuille ne peuvent ſe comprimer que ſur ſes parties ſolides, & non ſur d'autres globules comme dans le doigt; delà il arrive qu'elle eſt toujours repouſſée avec moins de vivacité, & que souvent elle demeure collée à la cire d'Espagne, aussi-tôt qu'elle l'a touchée.

Voilà un fait qui demande une attention particuliere : qu'on présente à cette feuille quelque corps non électrique que ce soit, un tube de verre, un bâton de soufre, de résine, de cire d'Espagne, &c, elle s'y attachera quelquefois aussi-tôt, comme je viens de le dire ; mais il arrivera le plus souvent, qu'après avoir été repoussée dix ou douze fois, elle ne manquera pas de s'y attacher ; ce qui ne peut être, à moins que ces corps ne soient électriques par communication. En effet, pourquoi la feuille s'attache-t-elle au tube ? Parce que les rayons du tube ont mis en mouvement de flux & de reflux, la matiere résidente dans les pores de la feuille, comme nous l'avons expliqué. On peut donc en dire autant de tout autre corps, auquel cette feuille s'attachera de la même maniere ; & pour expliquer ma pensée plus briévement, la feuille ne peut s'attacher à ces corps, à moins qu'il n'y ait autour d'eux une atmosphere électrique. Voulez-vous en être assûré ? Aussi-tôt que la feuille demeurera attachée au bâton de cire d'Espagne que vous lui aurez présenté, portez ce bâton au-dessus d'une table, où vous aurez répandu d'autres fragments de feuilles d'or, ils en seront sensiblement attirés & repoussés.

Tâchons donc de concevoir comment ce bâton est devenu électrique. Pour faire aisément cette expérience, on s'y prend de la seconde maniere que nous avons indiquée, c'est-à-dire, qu'on laisse tomber la feuille sur le tube. En la considérant élevée & suspendue au-dessus de ce tube, j'appelle *surface inférieure*, *f*, celle qui est exposée aux rayons du tube, (*Figure* 4); & *surface supérieure*, *g*, celle qui est opposée au bâton de cire d'Espagne, *l*. Quelques-uns des rayons qui luttent contre cette surface, s'insinuent dans les pores du bâton; quelques autres choquent ses parties solides; ceux-ci se réfléchissent donc plutôt que ceux-là, & repoussent la feuille vers le tube. Ceux qui se sont insinués dans les pores,

pores, ayant rencontré plus tard la résistance des parties solides, ne peuvent plus frapper la feuille en se réfléchissant, parce qu'elle est déja hors de leur portée. Ils ne rencontrent donc que l'air qui les oblige par sa résistance à refluer dans le bâton, tandis que ceux qui se sont déja portés vers le tube, & y ont entraîné la feuille, en sont réfléchis, & s'élancent de nouveau vers ce même bâton, où la feuille est par conséquent encore entraînée. Or toutes les fois que cette feuille est ainsi poussée contre le bâton, quelques-uns de ses rayons s'insinuent dans les pores de la cire, & quelques autres en frappent aussi-tôt les parties solides. Ceux-ci reviennent donc toujours sur la feuille avant que ceux-là se soient réfléchis; il se forme donc autour de ce bâton, comme autour du tube, une atmosphere particuliere, de sorte que la matiere électrique flue du bâton, quand elle reflue vers le tube, & qu'elle flue du tube quand elle reflue vers le bâton.

Voilà sans doute une longue explication d'un ſeul phénomene : mais je dis que toutes les expériences d'attraction ſont contenues dans celle-là ; on en jugera par le détail où nous allons entrer.

SECONDE EXPÉRIENCE.

Répandez ſur une table quelques corps légers, & préſentez-leur un tube nouvellement frotté. Ils ſeront alternativement attirés & repouſſés, de ſorte qu'ils ne feront que ſauter de la table au tube, & du tube à la table.

EXPLICATION.

La table produit ici le même effet que le doigt préſenté à la feuille de métal dans l'Expérience précédente. (*Sixieme circonſtance.*)

TROISIEME EXPÉRIENCE.

Mettez ces corps légers dans un verre, & couvrez-le avec un carreau de vitre. Préſentez le tube au-deſſus de ce carreau ; les petits corps renfermés dans le verre ſeront attirés & mis en mouvement, mais plus foiblement que ſur la table.

Explication.

Le verre eſt un corps non électrique, mais perméable à la matiere électrique. Les rayons du tube paſſent donc, du moins en partie, par les pores du carreau de vitre, & enſuite par ceux du verre, Les corps légers qui y ſont renfermés ſont donc ſeulement expoſés à un plus petit nombre de rayons électriques, l'expérience doit donc être la même que la précédente, à la vivacité près du mouvement.

Quatrieme Expérience.

Si vous couvrez le verre d'une plaque de métal, le mouvement des corps légers qu'il contient ſera plus vif.

Explication.

Cette plaque de métal qui eſt électrique par elle-même, ſe trouve iſolée par le moyen du verre. Sa matiere électrique eſt donc miſe en mouvement de flux & de reflux par celle du tube. (*Premiere expérience. Seconde circonſtance.*) Les petits corps renfermés dans le verre ſont donc exposés à des rayons plus forts & plus abondants, le mouvement doit donc être plus vif.

CINQUIEME EXPÉRIENCE.

Isolez une verge de fer sur des cordons de soie. Faites présenter en même temps un tube nouvellement frotté, à une de ses extrémités, & des corps légers à l'autre; ils seront aussi-tôt mis en mouvement d'attraction & de répulsion.

EXPLICATION.

Il n'en faut point d'autre que celle que nous venons de donner de l'Expérience précédente. La matiere électrique de la verge de fer est mise par celle du tube dans le mouvement de flux & de reflux. (*Prem. Expér. Seconde circonstance.*)

SIXIEME EXPÉRIENCE.

Suspendez deux cloches à une verge de fer, (*Figure 5*); l'une *a*, avec un cordon de soie; & l'autre *b*, avec un fil d'archal. Laissez tomber entre les deux une aiguille suspendue à la même verge par un fil de soie.

1°, Si vous approchez un tube nouvellement frotté de la cloche ſuſpendue par un fil d'archal, l'aiguille demeurera en repos.

2°, Si vous approchez le tube de l'autre cloche, l'aiguille viendra la frapper, & ſera auſſi-tôt repouſſée contre la cloche *b*, ſuſpendue par un fil d'archal, d'où elle reviendra contre la cloche *a*, & ainſi alternativement.

3°, Après quelques inſtants, l'aiguille demeurera immobile entre les deux cloches.

4°, Si vous retirez le tube, elle reviendra contre la cloche iſolée, & ſera auſſi-tôt repouſſée contre l'autre, faiſant ainſi à peu près autant de vibrations que la premiere fois.

Explication.

Nous avons encore l'explication de ces quatre circonſtances dans ce que nous avons déja dit. Et d'abord, (*Premiere circonſtance*), le tube étant approché de la cloche *b*, ſuſpendue par un fil d'archal, & qui eſt par conſéquent non iſolée, ne doit point mettre ſa matiere électrique en mouvement de flux & de reflux. (*Troisieme Question. Derniere Conclusion.*) L'aiguille doit donc demeurer en repos.

2°, Le tube étant approché de la cloche isolée met sa matiere en mouvement de flux & de reflux. L'aiguille doit donc y être attirée. (*Prem. Expér. Seconde circonst.*) La cloche non isolée tient ici la place du doigt présenté à la feuille de métal. (*Ibid. Sixieme circonst.*) L'aiguille doit donc être poussée alternativement de l'une à l'autre cloche.

3°, Le mouvement de flux & de reflux allant toujours en s'affoiblissant, les rayons *c* de la cloche isolée deviennent plus courts & plus foibles. Ils frappent donc moins vivement la surface de l'aiguille qui leur est opposée, & de même les rayons électriques, *d*, qui frappent l'autre surface de cette aiguille, ne parviennent plus jusqu'à l'autre cloche, *b*. Etant donc frappée sur ses deux surfaces par deux forces à peu-près égales, elle ne doit être ni attirée, ni repoussée. (*Premiere Expérience. Sixieme Circonstance*).

Clavessin Electr. Pl. II. Pag. 70.

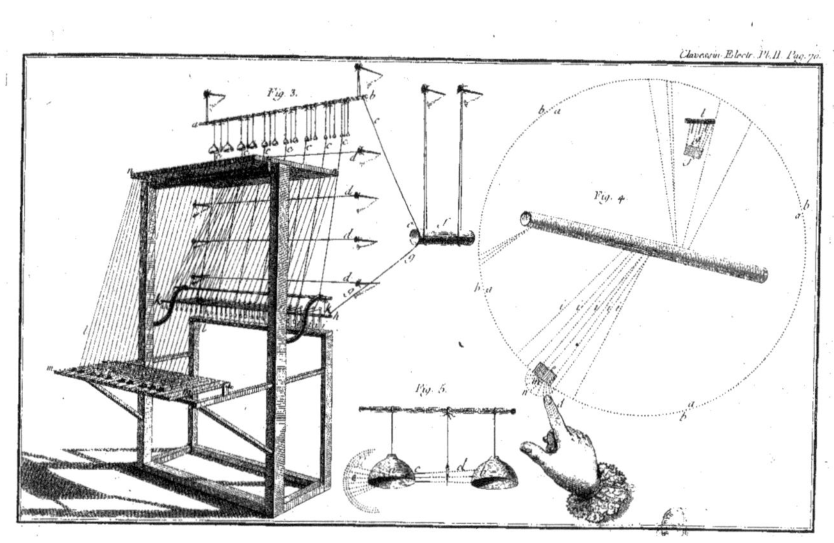

4°, Si vous retirez le tube, la matiere électrique de la cloche isolée, *a*, ne sera plus frappée par les rayons du tube; ceux qui s'élancent de cette cloche, choqueront donc avec moins de force la matiere électrique de la surface de l'aiguille qui leur est opposée; les rayons qui luttent contre l'autre surface, doivent donc prévaloir, & pousser l'aiguille contre la cloche. Mais ces mêmes rayons, après avoir choqué ceux de la cloche se réfléchissent, en même temps que la résistance de l'air, *e*, repousse ceux-ci du côté de l'aiguille; elle doit donc alors céder aux rayons de cette cloche, & être poussée contre l'autre, & ainsi alternativement.

SEPTIEME EXPÉRIENCE.

Suspendez de la même maniere les deux cloches & l'aiguille au conducteur.

1°, Quand on aura commencé à frotter le globe, l'aiguille se mettra en mouvement.

2°, Elle s'arrêtera après quelques vibrations.

3°, Si on cesse de frotter le globe,

elle recommencera son jeu entre les deux cloches.

4°, Si lorsqu'elle est arrêtée, on touche avec le doigt à la cloche isolée, le mouvement recommencera.

5°, Ce mouvement continuera encore quelque temps après qu'on aura retiré le doigt.

EXPLICATION.

Il ne sera pas difficile de réduire cette expérience à la premiere. Le conducteur avec la cloche qui y est suspendue par un fil d'archal me représente le tube; l'aiguille tient lieu de la feuille de métal, & la cloche isolée est d'abord comme le doigt présenté à cette feuille : on verra bientôt pourquoi j'ajoute ce mot, *d'abord*.

1°, Il faut remarquer que l'aiguille ne frappe pas toujours la cloche isolée la premiere, mais tantôt l'une, tantôt l'autre. Les rayons de la cloche suspendue au conducteur par un fil d'archal, & que j'appelle non isolée, frappent la matiere électrique résidente dans l'aiguille ; or cette matiere

matiere ainſi frappée, peut vaincre la réſiſtance de l'air, & ſe porter dans l'autre cloche; alors l'aiguille ſera pouſſée contre cette cloche, (*Premiere Expérience. Sixieme Circonſt.*) & repouſſée auſſi-tôt contre l'autre. Ou bien la matiere réſidente dans l'aiguille, ſera frappée moins vivement par les rayons de la cloche non-iſolée ou électriſée avec le conducteur; elle ne pourra pas alors vaincre la réſiſtance de l'air: l'aiguille ſera donc d'abord pouſſée contre cette cloche, (*Ibid. Deuxieme Circonſt.*) & repouſſée auſſi-tôt contre la cloche iſolée.

2°. La matiere réſidente dans la cloche iſolée étant choquée par les rayons de l'autre, eſt enfin miſe en mouvement commun de flux & de reflux, auſſi-bien que celle de l'aiguille. C'eſt-à-dire, que lorſque la matiere électrique du conducteur reflue vers le globe, & celle de la cloche non iſolée au conducteur, celle de l'aiguille flue vers cette cloche, & celle de l'autre cloche vers l'aiguille; & de même, quand la matiere électrique flue du globe dans le conducteur, & du conducteur dans la cloche non isolée, celle de l'aiguille reflue dans l'aiguille, & celle de la cloche isolée dans cette cloche. Il n'y a donc plus que comme un seul courant de matiere électrique qui passe & repasse de la cloche isolée à l'aiguille, de l'aiguille à l'autre cloche, de celle-ci au conducteur, du conducteur au globe; enfin c'est la même chose que si les deux cloches & l'aiguille se touchoient; cette aiguille ne doit donc être poussée ni d'un côté ni de l'autre, elle demeure immobile entre les deux.

3°. Si l'on cesse alors de frotter le globe, l'électricité s'affoiblit, & l'aiguille se remet en mouvement après quelque temps de repos: en voici la raison. Le mouvement de flux & de reflux venant à s'affoiblir, les rayons électriques de l'aiguille parviennent en moindre quantité & moins vivement à la cloche qui communique au conducteur par un fil d'archal, de même que ceux de la cloche isolée à l'aiguille: il est visible que le mouvement doit s'affoiblir plutôt & plus considérablement dans cette cloche & dans l'aiguille, que dans l'autre cloche qui communique au conducteur. L'équilibre est donc rompu, & l'aiguille doit être encore poussée & repoussée, comme la premiere fois & par la même cause, jusqu'à ce que cet équilibre soit rétabli; c'est-à-dire, jusqu'à ce que le mouvement de flux & de reflux soit également affoibli dans les deux cloches & dans l'aiguille, qui demeure alors immobile.

4°. Touchez la cloche isolée, le mouvement recommencera; parce que les rayons électriques de cette cloche s'insinuent dans le doigt. (*Premiere Expérience. Sixieme circonst.*) Ceux de l'aiguille trouvent donc alors moins de résistance de ce côté-là; ceux de l'autre cloche en trouvent donc moins du côté de l'aiguille, & la poussent contre la cloche isolée. En un mot, l'équilibre est rompu.

5°. Retirez le doigt, l'équilibre se rétablira; mais peu à peu, & après quelques vibrations, l'aiguille rentrera dans le repos.

De cette expérience au Clavessin

électrique, il y a encore quelque distance. En touchant la cloche isolée, je donne le mouvement à l'aiguille : ayant donc plusieurs cloches de différents tons, & les touchant successivement, je produirai ces tons les uns après les autres ; mais le premier se fera encore entendre, quand je serai arrivé au dernier, puisque l'aiguille ne cesse pas de se mouvoir aussi-tôt que j'ai retiré le doigt. Pour empêcher cette confusion de tons, il faut donc restituer l'équilibre aussi promptement qu'il est rompu. Et c'est ce que j'ai fait par le moyen des deux verges de fer, dont l'une conserve toujours un mouvement électrique, aussi fort que celui des timbres qui communiquent au conducteur ; & c'est sur celle-là que reposent les leviers qui communiquent aux timbres isolés ; l'autre n'est point électrisée, & par conséquent, lorsqu'elle est en contact avec les leviers, elle produit le même effet que le doigt dans l'expérience que nous venons d'expliquer.

HUITIEME EXPÉRIENCE.

Au lieu de porter le doigt ſur la cloche iſolée, comme dans l'Expérience précédente, (*Quatrieme Circonſtance*), préſentez une chandelle allumée à un pied de diſtance de cette cloche, l'aiguille ſe mettra en mouvement.

EXPLICATION.

Nous avons dit que le feu n'étoit point électrique. (*Deuxieme Queſt.*) Pourquoi donc produit-il le même effet, & avec plus de force qu'un corps électrique comme le doigt? Répandons plus de lumiere ſur l'explication que nous avons donnée de cette quatrieme circonſtance de l'expérience précédente. Nous avons dit que les rayons de la cloche touchée ſe portoient dans le doigt; que dans cet inſtant, ceux de l'aiguille trouvoient moins de réſiſtance du côté de cette cloche, & ceux de l'autre cloche moins du côté de l'aiguille, que par conſéquent l'équilibre étoit ſubitement rompu. Il faut remarquer qu'il ne peut ſe rétablir tandis que le doigt reſte ſur la cloche, puiſqu'elle ceſſe alors d'être iſolée, & que ſa matiere électrique ne peut être miſe en mouvement de flux & de reflux ; elle ne fait qu'un tout, qu'un ſeul corps électrique avec la perſonne qui la touche ; il faut donc rappeller cette circonſtance à la ſixieme de la premiere expérience. Le conducteur avec la cloche qui y eſt ſuſpendue par un fil d'archal, repréſente le tube, l'aiguille tient lieu de la feuille de métal, & l'autre cloche du doigt.

Cette cloche ceſſe donc auſſi d'être iſolée lorſqu'on en approche une chandelle allumée ; & pour mettre l'objection dans ſon plus grand jour, réduiſons-la à trois propoſitions fort ſimples. Un corps ceſſe d'être iſolé lorſqu'il touche un autre corps électrique par lui-même, ou lorſqu'il en eſt peu éloigné : or la cloche ceſſe d'être iſolée à la diſtance d'un pied d'une chandelle allumée ; la flamme ou le feu commun eſt donc non-ſeulement un corps électrique, mais le plus électrique de tous, puiſque tout autre corps ne produiroit pas le même effet à la même diſtance : nous avons prouvé par l'expérience, que la flamme n'étoit pas électriſable ; l'expérience nous apprend auſſi que tout corps électrique peut être électriſé. Comment pourrons-nous donc concilier des faits qui paroiſſent ſi oppoſés. Nous aurons répondu d'une maniere ſatisfaiſante, ſi nous montrons que la flamme, ſans être électrique, peut ſervir à déſélectriſer promptement un corps électrique. Pour cela rappellons-nous ce que nous avons dit dans la réponſe à la troiſieme Queſtion préliminaire, qu'un corps non iſolé ne pouvoit être électriſé, parce qu'il recevoit des corps environnants, autant de matiere électrique qu'il en avoit communiqué au globe, & que par conſéquent celle qui réſidoit dans lui étant toujours au même état de compreſſion, ne pouvoit être miſe en mouvement de flux & de reflux.

Ainſi pour électriſer un corps, il faut l'éloigner ordinairement de tout autre corps électrique environ de cinq ou ſix pouces de diſtance. Je dis que cet eſpace entre le corps qu'on veut électriser & les autres, suffit ordinairement, parce que la masse d'air qui occupe cet espace est une barriere assez forte pour empêcher les rayons du corps électrisé de s'insinuer dans les corps environnants, & de choquer leur matiere électrique. Qu'arrivera-t-il donc si cette masse d'air est entrecoupée par la flamme d'une chandelle ? La résistance de cette masse aux rayons qui s'élancent du corps électrisé, sera moins grande; ces rayons trouveront un passage facile au milieu de la flamme; ils se porteront plus loin; ils s'insinueront dans les corps environnants; ils choqueront leur matiere électrique; cette matiere ainsi choquée & comprimée, se débandera, se réfléchira vers le corps électrisé, & y remplacera celle que ce corps a communiqué au globe. En un mot, la distance ne sera plus suffisante, parce que le milieu sera devenu plus facile.

Nous expliquerons par le même principe toutes les expériences qui ont donné lieu de croire que le feu n'étoit pas dépourvu de matiere électrique : telle eſt l'expérience ſuivante rapportée par M. l'Abbé Nollet.

NEUVIEME EXPÉRIENCE.

Suſpendez ſur des cordons de ſoie deux barres de fer aſſez éloignées l'une de l'autre, pour qu'on puiſſe électriſer la premiere par le moyen du globe, ſans que le mouvement électrique ſe communique à la ſeconde, ce que vous éprouverez en lui préſentant quelque choſe de léger, comme un fil de ſoie. Quand vous vous ſerez bien aſſuré qu'il n'eſt point attiré par cette barre, & que par conſéquent elle n'eſt point électriſée, établiſſez à deux pieds environ de diſtance ſous les deux barres, un ſupport, une planche, par exemple, iſolée ſur des pains de réſine. Poſez ſur une des extrémités de cette planche, une bougie allumée immédiatement ſous la barre que vous électriſez, & une autre bougie auſſi allumée à l'autre extrémité ſous la ſeconde barre: établiſſez une communication d'un chandelier à l'autre, par le moyen d'un fil d'archal: frottez le globe, le mouvement électrique se communiquera d'une barre à l'autre ; ce qui n'arrivera pas, si vous éteignez une bougie ou toutes les deux.

EXPLICATION.

La flamme de la bougie qui est sous la premiere barre électrisée par le globe, facilite le passage aux rayons de cette barre, jusqu'au chandelier. Ces rayons viennent donc choquer la matiere électrique résidente dans le premier chandelier, & par conséquent celle du fil d'archal qui y communique & celle de l'autre chandelier ; la flamme de la seconde bougie facilite le passage aux rayons de ce second chandelier, jusqu'à la seconde barre, dont la matiere électrique est par conséquent choquée, & mise en mouvement de flux & de reflux.

DIXIEME EXPÉRIENCE.

Suspendez au conducteur une cloche avec un cordon de soie, & à quelque distance de cette cloche une aiguille avec un fil de métal.

1°. Quand on commencera à frotter le globe, l'aiguille frappera la cloche, s'en approchant & s'en éloignant alternativement.

2°, Elle s'arrêtera, & demeurera éloignée de la cloche comme elle étoit auparavant.

3°, Si vous touchez la cloche, l'aiguille recommencera ſon jeu.

EXPLICATION.

Il eſt évident que la cloche étant iſolée, & ne communiquant pas avec le conducteur, ne peut être électriſée auſſi-tôt que l'aiguille qui eſt ſuſpendue au conducteur par un fil de métal. Les rayons de cette aiguille s'inſinuent donc dans la cloche: l'aiguille elle-même y eſt donc entraînée, ou pouſſée par les rayons qui luttent contre la ſurface qui ne regarde point la cloche? (*Premiere Expér. Sixieme circonſt.*) Je crois qu'il n'eſt pas néceſſaire d'expliquer le reſte, & qu'il ſuffit de renvoyer à la ſeptieme expérience: c'eſt cette dixieme Expérience qui m'a donné l'idée du Carrillon électrique.

ONZIEME EXPÉRIENCE.

Laiſſez pendre librement en l'air un fil de ſoie, & préſentez-lui un tube nouvellement frotté.

1°, Il ſera attiré.

2°, Il demeurera quelque temps collé au tube.

3°, Il s'en éloignera.

4°, Il ſera alors conſtamment repouſſé.

EXPLICATION.

Voyez la premiere Expérience, (1ere, 2e, 3e, 4e, & 7e *circonſt.*) Il faut ſur-tout faire attention à la ſeptieme circonſtance de la premiere Expérience, pour expliquer comment le fil de ſoie après s'être ſéparé du tube en eſt conſtamment repouſſé. C'eſt que la ſoie eſt électrique par communication, comme le bâton de cire d'Eſpagne de la premiere expérience. Il ſe forme donc autour du fil une atmoſphere électrique.

Les rayons du tube viennent donc choquer ceux qui ſont en mouvement de flux & de reflux autour de ce fil. Il n'eſt donc plus également poussé de tous les côtés, & il cede à l'impression de la plus grande force.

DOUZIEME EXPÉRIENCE.

Répandez de la poussiere de bois sur le conducteur, quand on commencera à l'électriser.

1°, Les parties les plus grosses de cette poussiere s'éleveront en l'air.

2°, Les plus déliées resteront sur le conducteur.

3°, Si vous les réunissez en un petit tas, elles se détacheront & se disperseront comme les premieres.

4°, S'il en reste encore, vous les dissiperez en leur présentant le doigt.

EXPLICATION.

1°, La matiere électrique du conducteur est choquée par les rayons du globe, elle cede au choc, se retire, se répand autour du conducteur, & emporte avec elle les corps légers qu'elle rencontre. (*Premiere Expérience. Troisieme circonst.*)

2°, La matiere électrique ne s'élançant que par les pores du conducteur, n'a point de prise sur la poussiere impalpable qui n'en couvre que les parties solides, & qui doit par conséquent demeurer immobile.

3°, Si vous réunissez en un seul tas toute cette poussiere, il est évident qu'elle sera alors exposée à l'éruption de la matiere électrique.

4°, Il se peut faire que quelques particules de cette poussiere restent sur le conducteur, quoiqu'elles soient exposées aux rayons fluants, comme la feuille de métal reste quelquefois collée sur le tube. (*Premiere Expér. Quatrieme circonst.*) On pourra donc enlever cette poussiere, en lui présentant le doigt, comme à la feuille de métal. (*Premiere Exp. Septieme cir.*)

TREIZIEME EXPÉRIENCE.

Remplissez à moitié d'eau un verre bien sec. Faites-y plonger la petite branche d'un siphon capillaire, & un fil d'archal communiquant avec le conducteur; quand vous électriserez, l'eau coulera continuellement du siphon, au lieu de tomber goutte à goutte comme auparavant.

EXPLICATION.

La matiere électrique doit entraîner l'eau comme elle a entraîné la poussiere de bois dans l'Expérience précédente.

QUATORZIEME EXPÉRIENCE.

Montez sur un pain de résine, tenant sur la main étendue des fragments de feuilles d'or ; touchez de l'autre main au conducteur électrisé, aussi-tôt les feuilles d'or seront poussées en l'air.

EXPLICATION.

Les rayons du conducteur choquent votre matiere électrique, qui étant isolée cede au choc, s'élance de votre corps, & entraîne les corps légers qu'elle rencontre sur son passage.

QUINZIEME EXPÉRIENCE.

Si, avant de toucher le conducteur, vous retenez les feuilles d'or enfermées dans la main, & si vous ne l'ouvrez que quelques instants après, touchant toujours le conducteur, les feuilles ne seront point emportées comme dans l'expérience précédente; mais elles demeureront immobiles sur votre main.

EXPLICATION.

La matiere électrique des feuilles d'or ainsi retenues dans le premier instant, a été mise en mouvement commun de flux & de reflux ; donc elles ne peuvent plus être repoussées. (*Septieme Expér. Deuxieme circonst.*)

SEIZIEME EXPÉRIENCE.

Si une personne non isolée tenant de semblables feuilles dans sa main, vient les présenter sous la vôtre, elles s'y porteront, & celles que vous tiendrez seront poussées en l'air.

EXPLICATION.

La matiere électrique mise en mouvement de flux & de reflux autour de votre corps, vient choquer celle des feuilles d'or & de la main qui les présente ; cette matiere ainsi choquée & comprimée, se débande, se réfléchit & entraîne les feuilles qu'elle rencontre : on comprend aisément, en suivant toujours le même principe, comment les fragments de feuilles d'or que vous avez dans la main sont aussi repoussés en l'air.

DIX-SEP.

DIX-SEPTIEME EXPÉRIENCE.

Préſentez ſur le bout du doigt, à quelque diſtance d'un fer pointu communiquant au conducteur, un fragment de feuille d'or : il ne ſera jamais pouſſé juſqu'à cette pointe ; mais, ou bien il ne fera que des vibrations très-courtes, ſautillant ſur le bout du doigt, ou bien il prendra un détour pour aller au conducteur.

EXPLICATION.

La matiere électrique s'élance plus fortement & plus loin, par les pointes que par les autres endroits du conducteur (*Deuxieme Lettre*). Les rayons électriques qui s'élancent de ces pointes, ne peuvent donc être repouſſés entiérement dans le conducteur par la réaction de l'air, & par le choc de la matiere ſemblable qu'ils rencontrent dans le doigt. Les corps légers préſentés aux pointes trouvent donc toujours un obſtacle qui les repouſſe vers le corps qui les préſente. Ils ne peuvent donc pas être portés vers ces pointes.

CONCLUSION.

Tous les phénomenes d'attraction, de répulsion & de suspension, qui se réduisent à un seul, comme nous l'avons montré, doivent s'expliquer par cette premiere loi du mouvement des corps élastiques : *Si un corps élastique en rencontre un autre qui s'oppose à sa direction, il se réfléchit.*

SECONDE CLASSE.

Phénomenes d'inflammation.

L'INFLAMMATION électrique est ou spontanée, ou forcée. Elle est spontanée lorsqu'elle paroît sans bruit, ou sans pétillement, comme dans un tube vuide d'air, aux pointes du conducteur, au bout du doigt qu'on lui présente à quelque distance, à l'extrémité des filets d'une frange d'or qui touche le globe, & sur les mains de celui qui le frotte. Elle est forcée ou excitée à l'approche subite d'un corps. Or, soit que la matiere électrique paroisse s'enflammer d'elle-même, ſoit qu'elle y ſoit excitée, cette inflammation n'eſt produite que par le choc mutuel des globules élaſtiques dont elle eſt compoſée. Appliquons ce principe à toutes les circonſtances du phénomene.

PREMIERE CIRCONSTANCE.

Une lumiere aſſez vive ſe répand ſur les mains de celui qui frotte le globe.

EXPLICATION.

Puiſque les globules électriques qui ſortent de la main, y ſont repouſſés ſans y trouver d'iſſue; (*Troiſieme Queſtion. Concluſion.*) ils doivent choquer vivement ceux qui réſident dans cette main, & qui les empêchent de s'y inſinuer. Un grand nombre de ces globules doit donc ſe briſer & s'enflammer.

SECONDE CIRCONSTANCE.

Le bout de chaque fil d'une frange d'or qui touche le globe, devient lumineux.

EXPLICATION.

La matiere électrique résiste d'autant plus à la répulsion, qu'elle est frappée avec plus de vîtesse, comme l'eau, toute mobile qu'elle est, résiste à l'impulsion de la rame, & l'air même aux ailes des oiseaux. Les globules électriques étant donc repoussés infiniment plus vîte que ces deux fluides, s'entre-choquent, se brisent, & s'enflamment.

TROISIEME CIRCONSTANCE.

Une aigrette lumineuse s'élance de l'extrémité pointue du conducteur.

EXPLICATION.

La matiere électrique s'échappe, comme je l'ai dit, (*Deuxieme Lettre*), plus abondamment par les pointes, parce qu'elle y trouve moins de résistance du côté de l'air. Delà, dans toute l'étendue d'une barre ronde, la matiere électrique s'échappe en rayons d'autant plus divergents, qu'ils trouvent une plus grande résistance ; & par la raison contraire, à l'extrémité pointue de cette barre, les rayons se rapprochent & se réunissent. Or tandis que la matiere électrique de la barre est repoussée par les rayons du globe, ceux qui forment l'aigrette sont aussi repoussés vers le globe par la résistance de l'air. La même cause qui a produit l'inflammation à chaque fil de la frange d'or, doit donc aussi la produire à la pointe de la barre.

QUATRIEME CIRCONSTANCE.

Si vous présentez un fer pointu au conducteur, la matiere électrique sortira de cette pointe, non pas en forme d'aigrette, comme en s'élançant de l'extrémité du conducteur, mais en forme de petite étoile.

EXPLICATION.

Les globules électriques du fer présenté au conducteur, étant frappés & comprimés, se débandent subitement avant que les rayons du conducteur y soient rentrés par le mouvement de reflux; il y a donc un choc, un contre-coup, & par conſéquent inflammation ; mais la matiere électrique réſidente dans ce fer que l'on tient à quelque diſtance du conducteur, ne peut être miſe en mouvement de flux & de reflux, puiſqu'il n'eſt pas iſolé. Il s'en échappe ſeulement quelques globules qui ſe portent vers le conducteur, & qui ſont auſſi-tôt remplacés par ceux de la perſonne qui tient le fer dans ſa main ; c'eſt pour cela qu'il ne paroît à ſa pointe qu'une petite étoile, tandis que la matiere électrique s'élance en forme d'aigrette de la pointe du conducteur électriſé.

CINQUIEME CIRCONSTANCE.

La lumiere électrique ſe répand abondamment dans un globe vuide d'air.

EXPLICATION.

La matiere électrique ne trouvant point de réſiſtance dans ce globe, n'y entre point par rayons divergents ; mais elle s'y répand en tout ſens. Les courants oppoſés de cette matiere ſe rencontrent donc immédiatement ; & tous les globules étant contigus, ils s'enflamment tous à la fois.

SIXIEME CIRCONSTANCE.

La matiere électrique s'enflamme avec bruit, entre le conducteur & le doigt qu'on lui présente à une petite distance.

EXPLICATION.

Les rayons du conducteur, dans cette expérience, frappent la matiere électrique du doigt, au moment de leur éruption, c'est-à-dire, dans leur plus grande vîtesse & leur plus grande force. Le choc est donc considérablement plus violent que dans la quatrieme circonstance. Delà l'étincelle sensible & le pétillement.

SEPTIEME CIRCONSTANCE.

Quand on a cessé de frotter le globe, on ne peut tirer que deux ou trois étincelles du conducteur.

EXPLICATION.

La matiere électrique du doigt choquée par les rayons du conducteur se réfléchit vers lui, & s'y inſinue en ſuivant le mouvement de reflux vers le globe. Elle y remplace donc peu à peu celle qu'il a communiquée au globe. Il arrive donc qu'elle s'y trouve à peu-près dans le même état de compreſſion où elle étoit avant l'électriſation ; ſon mouvement devient donc trop foible pour exciter des étincelles.

HUITIEME CIRCONSTANCE.

Si après avoir ainſi épuiſé les étincelles, vous vous éloignez du conducteur pendant quelques inſtants, & ſi vous venez enſuite lui préſenter le doigt, vous aurez encore une petite étincelle.

EXPLICATION.

Vous éloignez, en retirant le doigt, un obſtacle qui rallentiſſoit les vibrations des rayons électriques ; & cet obſtacle n'y étant plus, elles deviennent un peu plus vives, & peuvent exciter une foible étincelle.

NEUVIEME CIRCONSTANCE.

Une perſonne iſolée qui touche d'une main au conducteur, ne peut tirer

tirer aucune étincelle de l'autre.

EXPLICATION.

La matiere électrique de cette personne & celle du conducteur, ont un mouvement commun suivant la même direction. Ce n'est qu'un seul courant qui se porte vers le globe, & s'en éloigne alternativement ; il n'y a donc point d'opposition, point de choc, & par conséquent point d'inflammation.

DIXIEME CIRCONSTANCE.

Les étincelles que vous tirez du conducteur, étant isolé, sont plus foibles que si vous ne l'étiez pas.

EXPLICATION.

La matiere électrique ne s'enflamme avec bruit entre le doigt & le conducteur, qu'à cause de la résistance de celle qui réside dans le doigt, contre celle qui flue du conducteur ; plus cette résistance est grande, plus l'étincelle est forte. Or si vous êtes isolé sur un pain de résine, votre matiere électrique pouvant s'y insinuer, & céder au choc, résiste moins que si vous n'étiez pas isolé ; l'étincelle doit donc être plus foible.

ONZIEME CIRCONSTANCE.

Après un certain nombre d'étincelles que vous avez tirées, étant isolé, vous n'en pouvez plus exciter.

EXPLICATION.

Votre matiere électrique étant choquée coup sur coup par celle du conducteur, est enfin mise en mouvement de flux & de reflux ; elle n'oppose donc plus de résistance à celle du conducteur, puisqu'elle se porte vers le globe, & s'en éloigne, par un mouvement commun.

DOUZIEME CIRCONSTANCE.

Si alors une personne non isolée vous tire une étincelle, vous en tirerez aussi une du conducteur.

EXPLICATION.

La matiere électrique de la personne non isolée, étant choquée par la vôtre, vient remplacer, en se réfléchissant, une partie de celle que vous avez communiquée au conducteur (*Septieme Circonstance.*) La matiere électrique résidente dans votre corps devient donc plus abondante & dans un état de plus grande compression, que celle du conducteur; elle lui oppose donc une certaine résistance, & par conséquent il y a un choc & une étincelle. Pour le mieux comprendre, supposons que la personne non isolée vous tire assez d'étincelles pour vous désélectriser, alors votre matiere électrique se trouvera dans le même état de compression où elle étoit avant que vous touchassiez au conducteur, & vous en tirerez des étincelles aussi fortes & en aussi grand nombre que la premiere fois, jusqu'à ce que vous soyez électrisé de nouveau. Si donc la personne non isolée ne vous tire qu'une étincelle, vous n'en tirerez qu'une du conducteur, puisque le nombre en est proportionné à la quantité ou à la compression de la matiere électrique résidente dans votre corps.

Treizieme Circonstance.

Une personne isolée frottant le

globe d'une main, tire avec l'autre des étincelles du conducteur, quoiqu'elle soit électrisée.

EXPLICATION.

Nous avons dit qu'une personne isolée qui toucheroit d'une main le conducteur, n'en pourroit tirer d'étincelles, (*neuvieme Circonst.*) parce que sa matiere électrique seroit mise dans le mouvement commun de flux & de reflux. Il n'en est pas de même dans la circonstance présente : la matiere électrique de la personne isolée qui frotte le globe, est diamétralement opposée à celle du conducteur ; ce sont deux courants qui se portent vers le globe, & qui en refluent en sens contraire ; il y a donc choc & inflammation.

QUATORZIEME CIRCONSTANCE.

Quand celui qui frotte le globe est isolé, les étincelles que l'on tire du conducteur, sont beaucoup plus foibles. *Voyez l'Explication dans la troisieme Question, troisieme Expér.*

QUINZIEME CIRCONSTANCE.

Si l'on tire une étincelle de celui qui étant isolé frotte le globe, & si l'on approche aussi-tôt le doigt du conducteur, on en tire une étincelle aussi forte.

EXPLICATION.

Les étincelles du conducteur n'étoient affoiblies, que parce que sa matiere électrique trouvoit moins de résistance dans celle de la personne isolée qui frotte le globe. Mais quand on approche le doigt de cette personne, ses rayons sont choqués dans leur plus grande vîtesse & leur plus grande force. (*Sixieme Circonstance.*) Ils se réfléchissent donc plus vivement vers le globe; ils repoussent donc aussi plus vivement les rayons opposés du conducteur; l'étincelle qu'on en tire tout de suite, doit donc être plus forte.

SEIZIEME CIRCONSTANCE.

Si une personne n'étant pas isolée tient le bout d'une chaînette qui communique au conducteur, à la moindre secousse qu'elle donne à cette chaînette, un feu pâle semble en parcourir tous les anneaux.

EXPLICATION.

La matiere électrique du conducteur, de la chaînette, & de la personne même qui la tient, reçoit sans cesse une nouvelle impulsion des rayons du globe, auxquels elle oppose une résistance invincible. Les globules élastiques dont cette matiere est composée, sont seulement comprimés par cette impulsion réitérée, comme une file de billes dont la derniere seroit appuyée contre un plan immobile, & dont on frapperoit coup sur coup la premiere. Qu'arrive-t-il donc quand celui qui tient la chaînette vient à la secouer; dans le moment de la secousse, quelques anneaux cessent d'être en contact avec les autres; ils deviennent donc isolés; le conducteur l'est donc aussi à cet instant; sa matiere électrique cede donc subitement au choc des rayons du globe; celle des anneaux qui ne sont pas isolés, est donc choquée par les rayons de ceux qui le ſont ; delà l'inflammation.

DIX-SEPTIEME CIRCONSTANCE.

Si vous préſentez la pointe d'une aiguille à une petite diſtance du conducteur, l'étincelle ſera beaucoup plus foible que ſi c'étoit un corps arrondi, & l'électricité du conducteur ſe perdra plutôt.

EXPLICATION.

Il eſt évident que cette pointe n'eſt frappée que par un très-petit nombre de rayons du conducteur ; la matiere électrique qui ſe réfléchit de cette pointe, plus abondamment que d'un corps arrondi (*Seconde Lettre*), trouve donc moins de réſiſtance du côté du conducteur ; l'étincelle doit donc être plus foible, & l'électricité doit ſe perdre plutôt.

DIX-HUITIEME CIRCONSTANCE.

Faites plonger un fil d'archal, communiquant au conducteur, dans une phiole à moitié pleine d'eau, de menu plomb, ou de limaille de fer ; les étincelles feront beaucoup plus fortes qu'à l'ordinaire, & vous pourrez en tirer un plus grand nombre ſans déſélectriſer le conducteur.

EXPLICATION.

La matiere électrique du conducteur reflue vers le globe avec d'autant plus de force, qu'elle a été rencontrer avec plus de vîteſſe un corps plus élaſtique en s'élançant hors du conducteur. Or dans la circonſtance préſente, elle va rencontrer avec plus de vîteſſe un corps plus élaſtique, que lorſqu'il eſt ſeulement iſolé ſur des cordons de ſoie. En effet, dans cette derniere ſituation elle trouve de tous côtés la réſiſtance de l'air, au lieu que dans la premiere, elle va choquer, en paſſant par les pores du verre, la matiere ſemblable réſidente dans les corps qui ſupportent & qui environnent la phiole. Or cette matiere, auſſi-bien que celle qui réſide dans celui qui frotte le globe, doit être regardée, par rapport aux rayons du conducteur, comme un plan élaſtique invincible. Donc, &c. On peut faire ici une objection aſſez embarraſſante. Je tâcherai cependant d'y répondre ſans m'écarter des principes que j'ai poſés. Elle eſt priſe de ces principes mêmes. Mettons-lá dans ſon plus grand jour.

Nous avons dit (*Septieme circonſt.*) que le conducteur étoit déſélectriſé, quand ſa matiere électrique ſe retrouvoit dans le même état de compreſſion où elle étoit avant l'électriſation; or le conducteur communiquant à la phiole, doit recevoir des corps qui la ſoutiennent & qui l'environnent, une nouvelle quantité de matiere électrique, qui remplace celle qu'il a communiquée au globe. Donc, &c. La premiere propoſition eſt vraie; on prouve la ſeconde de cette maniere: Les rayons du conducteur frappent la matiere électrique des corps qui ſoutiennent la phiole; nous l'avons dit. Or cette matiere ainſi choquée & comprimée doit ſe débander & ſe réfléchir dans le conducteur même, en paſſant par les pores de lá phiole; car on ne voit pas ce qui l'empêcheroit d'y paſſer en ſuivant le mouvement commun de flux & de reflux. J'avoue qu'on ne voit point tout d'un coup comment l'interposition d'un verre très-mince entre le conducteur & les autres corps, empêche la matiere électrique de ceux-ci, de se porter dans celui-là. Mais on peut d'abord se rappeller ce que j'ai dit, (*Premiere classe, premiere expér. quatrieme preuve*) qu'il se forme une atmosphere particuliere autour des corps électriques par communication : je pourrois donc répondre à l'objection proposée, que les rayons du conducteur qui ont passé par les pores de la phiole, n'y rentrent pas tous ; qu'une grande partie de ces rayons est mise en mouvement particulier de flux & de reflux autour de la phiole ; que cette atmosphere particuliere est un obstacle qui empêche la matiere électrique des corps environnants de parvenir au conducteur ; & que quand même une certaine quantité de cette matiere y parviendroit, il seroit toujours vrai de dire, que celle qui réside dans lui, ne se trouveroit pas au même degré de compression où elle étoit avant l'électrisation, puisqu'il en communiqueroit à la phiole autant qu'il en recevroit.

Mais cette réponse ne me satisfait pas moi-même, & je crois que voici la vraie solution. On ne peut électriser les corps électriques par communication que par deux moyens : 1°, En les préparant par le frottement à recevoir la matiere électrique; 2°, en préparant la matiere électrique par le mouvement qu'on lui imprime à s'insinuer dans eux. Ainsi la matiere électrique du conducteur est préparée, par son mouvement de flux & de reflux, à s'insinuer dans les pores de la phiole, & à aller frapper, en les traversant, la matiere semblable résidente dans les corps qui la soutiennent. Mais celle-ci ne peut être mise en mouvement de flux & de reflux. (*Troisieme quest. quatrieme expér. concl.*) Elle ne peut donc être préparée à s'insinuer dans les pores de la phiole.

Si cela n'étoit pas ainsi, on ne pourroit jamais réussir à isoler un corps pour l'électriser : supposons, en effet, qu'une personne étant sur un pain de résine touche au conducteur : sa matiere électrique est choquée ; elle se retire dans le pain de résine, & y forme une atmoſphere. La matiere réſidente dans les corps qui ſoutiennent ce pain, eſt donc auſſi frappée par les rayons de cette atmoſphere. Or ſi cette matiere, en ſe débandant, s'inſinuoit dans la réſine, & delà dans la perſonne iſolée, elle y remplaceroit celle qui a été communiquée au conducteur. Cette perſonne ne pourroit donc pas être électriſée.

DIX-NEUVIEME CIRCONSTANCE.

Si l'on ſe ſert pour l'expérience précédente d'une phiole vuide d'air, elle produit les mêmes effets.

EXPLICATION.

La phiole à moitié pleine d'eau ne fortifie l'électricité du conducteur, que parce que ſes rayons vont choquer la matiere réſidente des corps environnants ſans traverſer l'air ; ſi donc la phiole eſt vuide d'air, il en doit réſulter le même effet.

VINGTIEME CIRCONSTANCE.

Si la phiole eſt fêlée, loin d'augmenter l'électricité, elle la détruit.

EXPLICATION.

Les rayons du conducteur passent plus abondamment par la fêlure; ils frappent la matiere électrique des corps environnants; cette matiere se débande, se réfléchit, & trouvant une libre entrée dans l'intérieur de la phiole, elle s'y insinue; c'est donc comme si le conducteur n'étoit point isolé. Delà on peut comprendre pourquoi une phiole entiérement pleine & humide sur toute sa surface extérieure détruit l'électricité, puisque la matiere électrique des particules d'eau dont cette phiole est couverte, s'insinue en se réfléchissant dans l'eau dont on la suppose remplie, & delà dans le conducteur. On comprend encore, par ce que nous avons dit, comment la phiole étant isolée sur un pain de résine n'augmente point l'électricité, puisqu'alors les rayons du conducteur ne trouvent plus la résistance de la matiere électrique des corps environnants,

VINGT-UNIEME CIRCONSTANCE.

Posez la phiole électrisée sur une plaque de métal isolée sur un pain de résine ; répandez des corps légers sur cette plaque, ils seront attirés & repoussés à l'approche du doigt.

EXPLICATION.

Il y a une atmosphere autour de la phiole électrisée ; les rayons de cette atmosphere frappent la matiere résidente dans la plaque ; or cette plaque étant isolée, sa matiere électrique doit être mise en mouvement de flux & de reflux. Donc, &c.

VINGT-DEUXIEME CIRCONSTANCE.

La phiole électrisée restant sur la plaque de métal, comme nous venons de le dire, si vous touchez d'une main à son fil d'archal, le mouvement des corps légers sera beaucoup plus vif, quand vous leur présenterez l'autre main ; & vous tirerez des étincelles de la plaque de métal.

EXPLICATION.

Le mouvement de la matiere électrique se fortifie à la rencontre d'un corps électrique non isolé, comme nous l'avons expliqué ; les rayons de la phiole venant donc à rencontrer la matiere résidente dans votre corps, sont mis dans un mouvement plus vif qu'auparavant. Pour jetter un plus grand jour sur cette explication, supposons la phiole suspendue au conducteur par son fil d'archal, sans toucher à aucun autre corps, alors il se formera autour d'elle une atmosphere électrique. (*Premiere classe. Premiere expér. Quatrieme preuve. & Seconde classe. Dix-huitieme circonst.*) C'est-à-dire, qu'il y aura des rayons qui flueront du conducteur sur sa surface intérieure, & de cette surface dans le conducteur, & d'autres rayons qui feront dans un pareil mouvement de flux & de reflux sur sa surface extérieure ; dans cette position de la phiole, l'électricité du conducteur ne sera pas augmentée. (*Vingtieme circonst. expl.*) Mais si vous soutenez cette phiole avec la main, les rayons du conducteur viennent frapper la matiere résidente dans votre main, & reçoivent, par la résistance qu'ils y trouvent, une augmentation de mouvement. Voulez-vous en être assuré, détachez la phiole du conducteur, & la tenant toujours dans la main, vous entendrez la matiere électrique sortir en sifflant par le crochet; posez-la aussi-tôt sur un pain de résine, le sifflement cessera; parce que les rayons électriques ne seront plus repoussés par une matiere semblable, la résine en étant dépourvue. Mais si vous portez la main au crochet, l'atmosphere électrique de la phiole rencontre la résistance de la matiere semblable qui réside dans vous, & par conséquent les rayons doivent être repoussés de l'intérieur de la phiole à l'extérieur. En un mot, si vous touchez la phiole, la matiere électrique est repoussée, & sort par le crochet. Si vous touchez le crochet, elle sort par la phiole.

VINGT-TROISIEME CIRCONSTANCE.

Montez sur un pain de résine, tenant la phiole dans votre main: si quelqu'un quelqu'un non-isolé tire une étincelle du crochet, il vous en tirera aussi une.

EXPLICATION.

Il est visible que cette expérience est précisément la même que la précédente; puisque, soit qu'une personne isolée tienne la phiole, soit qu'on la pose sur une plaque de métal pareillement isolée, c'est toute la même chose. On doit tirer des étincelles de cette personne comme de la plaque de métal, quand on en a tiré du crochet. On peut conclure de tout ce que j'ai dit, que la configuration de la phiole est indifférente, qu'on peut se servir de tout vase de verre de quelque figure qu'il soit, & même d'un grand carreau de verre étamé ou doré en partie sur ses deux surfaces.

VINGT-QUATRIEME CIRCONSTANCE.

Posez un carreau ainsi doré sur un support de métal, & faites descendre du conducteur un fil d'archal sur sa surface supérieure; le tout étant électrisé, prenez un autre fil d'archal, dont vous appuyerez un bout sur la dorure inférieure, & vous porterez l'autre en le recourbant sur la supérieure; vous aurez une étincelle incomparablement plus forte & plus brillante que celles qu'on tire simplement du conducteur.

EXPLICATION.

Nous voilà arrivés au dernier degré, pour ainsi dire, de l'électricité. Nous avons vu la cause de l'inflammation spontanée qui se produit sans petillement; des foibles étincelles que peut exciter une personne isolée; des étincelles plus fortes d'une personne non isolée. Nous savons que la force de l'explosion est proportionnée à la résistance qu'on oppose aux rayons du conducteur. Rappellons-nous donc que l'étincelle n'est plus foible, quand celui qui la tire est isolé, que parce que sa matiere électrique n'étant pas soutenue, cede au choc en se retirant. L'étincelle sera donc la plus forte qu'elle puisse être, si non-seulement la matiere électrique du corps présenté au conducteur, ou à la surface supérieure du carreau de verre, ne peut céder au choc, mais encore si celle de ce carreau ne peut non plus y ceder; or c'est ce qui arrive dans l'expérience présente, puisque le fil d'archal faisant un cercle avec les deux surfaces, présente aux rayons de la surface supérieure une résistance invincible & que ces rayons ne peuvent ni s'étendre dans le fil d'archal, ni se retirer vers la surface inférieure.

CONCLUSION.

Tous les phénomenes d'inflammation électrique doivent s'expliquer par cette seconde loi générale du mouvement dans les corps élastiques. *La compression est comme la résistance, & la restitution comme la compression.*

Rien de plus brillant que cette grosse étincelle qu'on tire d'un grand carreau de verre doré; mais elle sera bien plus surprenante, si elle part toute seule & sans le secours du fil d'archal. Voici comment on peut réussir à la faire partir: Appuyez par un de ses bords un carreau de verre, couvert de papier doré, sur un support de métal, &

ſoutenez-le ainſi dans une ſituation presque verticale, en l'appuyant encore vers le milieu contre l'extrémité du conducteur; faites communiquer l'autre ſurface au ſupport de métal par un fil d'archal. Cela étant ainſi, j'appelle ſurface électriſée, celle qui touche au conducteur, & je nomme l'autre, ſurface non électriſée. Quand vous commencerez à électriſer, des étincelles aſſez vives partiront coup ſur coup, de petites étoiles parcourront la ſurface électriſée, & répandront aſſez de lumiere, pour qu'on puiſſe reconnoître les perſonnes dans une chambre obſcure; enfin le carreau ſe déchargera par une violente exploſion.

EXPLICATION.

Les rayons de la ſurface électriſée s'allongent de plus en plus, à meſure que l'électriſation devient plus forte; & comme le bord du papier doré colé ſur cette ſurface, ne peut être ſi bien tranché, qu'il n'y ait quelques parties anguleuſes, la matiere électrique s'échappe plus abondamment de ces parties que des autres. Il s'y forme de petites aigrettes qui vont aboutir au support de métal ; il se fait donc alors une communication de la surface électrisée avec l'autre : delà l'explosion & l'inflammation réitérée. Elle doit être foible dans le commencement de l'électrisation, parce que la matiere électrique ne s'échappe d'abord, comme je viens de le dire, que par quelques pointes du papier doré. (*Dix-sept. circ.*) Mais comme on continue toujours de tourner le globe, les rayons de la surface électrisée du carreau de verre deviennent plus forts & plus abondants, & venant tous à la fois frapper le support de métal, ils y produisent une violente explosion. Rien n'imite mieux le tonnerre que cette expérience, & elle nous conduit naturellement à parler de ce météore, à comparer ses effets à ceux de l'électricité, & à examiner si la matiere électrique n'est pas celle du tonnerre.

Il ne s'agit plus ici d'un jeu & d'un amusement Philosophique. Tous les phénomenes que nous venons de voir, & qui ont fait jusqu'ici le désespoir des Physiciens & le divertissement du peuple, ne sont rien en comparaison de ceux que la nature opere d'elle-même, & sans le secours des machines inventées par les hommes. Que celui qui cherche la vérité, laisse donc pour un moment tout l'appareil embarrassant de ses expériences, cette roue, ce globe, ces pains de résine, ces cordons de soie, &c. La matiere électrique n'est plus renfermée dans son cabinet : elle n'est pas à plus forte raison bornée & resserrée dans son globe, comme il se l'est peut-être imaginé jusqu'ici. Qu'il se transporte dans une vaste plaine, ou sur le sommet d'une haute montagne; là, un cerf-volant lui en apprendra plus que tous les tours de roue qui lui ont coûté tant de sueurs & de fatigues. (*Exp. de M. Franklin, Tom. II.*) Il pourra même, sans la moindre peine, sans se donner aucun mouvement, satisfaire pleinement sa curiosité. Qu'il isole seulement une verge de fer, cela suffit; il verra se produire avec éclat tous les effets qu'il n'a excités jusqu'alors que par force & malgré la nature. Mais s'il veut réussir parfaitement, qu'il choisisse un temps orageux. La verge isolée attirera & repoussera, & lui donnera, s'il veut, de fortes étincelles. Pour moi, j'aime mieux croire ceux qui ont eu la hardiesse de faire de pareilles tentatives, que de les répéter après eux. Les Savants leur ont une obligation infinie, & si nous réussissons à expliquer leurs périlleuses découvertes, la gloire doit en rejaillir plus abondamment sur eux que sur nous.

Ceux qui supposent que le fer est électrique par communication, c'est-à-dire, qu'il ne reçoit son électricité que d'un autre corps électrique par lui-même, tel qu'ils supposent le verre, le soufre, la résine, &c, doivent être embarrassés par l'électricité de cette verge de fer qui se manifeste tout d'un coup, sans qu'ils apperçoivent ni verre ni soufre frotté qui lui communiquent de leur matiere électrique. Le frottement mutuel de l'air & d'un nuage résineux, sulphureux, bitumineux, tel que doivent être ceux qui portent le tonnerre, ne seroit-il pas propre à lever la difficulté? Mais nous nous sommes assurés par une multitude d'expériences, que l'air étoit un milieu très-difficile pour la matiere électrique. Dira-t-on que dans la circonstance d'un temps orageux, l'air est tellement disposé, que loin d'être un obstacle à cette matiere, il en devient lui-même le conducteur, & qu'ainsi l'électricité est transmise du nuage à l'air, & de l'air à la verge de fer isolée? Mais comme l'électricité se propage toujours de proche en proche, toute l'atmosphere deviendra bien-tôt électrique jusqu'à un certain degré, à un certain climat, où l'air cessera d'être conducteur de l'électricité. Il est surprenant que nous ne le trouvions jamais dans cette disposition, lorsque nous faisons nos expériences. Tous les spectateurs seroient bien-tôt électrisés.

Qu'on ne dise pas que les murailles & les planchers étant conducteurs de l'électricité, celle de l'air s'y perdroit, puisque dans cette hypothese on est obligé d'avouer que la terre même que l'air touche & environne, ne la détruit pas. Mais cela étant ainsi, il est inutile d'isoler la verge de fer, on on peut la planter comme un pieu dans le premier endroit venu. On répondra peut-être que l'air ne devient conducteur de l'électricité que jusqu'à une certaine distance de la terre, & que c'est pour cela qu'il faut élever, le plus qu'on peut, la verge de fer qu'on veut électriser. Je veux que vous la placiez sur le sommet de la plus haute montagne, ou sur la tour la plus élevée ; que vous la mettiez au bout de la plus longue perche ; que vous en attachiez une douzaine bout à bout, il est toujours certain que le tuyau de verre dont vous vous servirez pour isoler la verge de fer, sera assez long, si vous lui donnez deux ou trois pieds ; il faudra donc que l'air soit électrisé & qu'il cesse de l'être dans l'espace de deux ou trois pieds, ce qui dans tout système est absurde & inconcevable.

L'air n'est donc électrique, ni par lui-même, ni par communication, & l'on ne peut pas dire que ce soit cet élément qui communique l'électricité à la verge de fer isolée. Tâchons de trouver ailleurs la cause de ce phénomene.

Qu'une personne isolée tire deux ou trois étincelles du conducteur, & elle sera électrisée. (*Onzieme circonst.*) Pourquoi? Parce que les rayons du conducteur auront frappé sa matiere électrique, & lui auront communiqué le mouvement de flux & de reflux. Si une verge de fer isolée dans un endroit élevé devient aussi électrisée, il faut donc que sa matiere électrique ait été frappée par celle d'un autre corps. Cet autre corps n'est pas l'air, comme je crois l'avoir prouvé; c'est donc un corps répandu ou suspendu dans l'air; c'est un nuage. Mais comment la matiere électrique de ce nuage sera-t-elle mise en mouvement? Comment frappera-t-elle à une si grande distance, la matiere semblable résidente dans la verge de fer isolée? C'est ce qu'il faut examiner. Les nuages orageux sont composés de matieres électriques par communication, comme le soufre, & de matieres électriques par elles-mêmes, comme l'eau, de sorte que le tonnerre ne pourroit point du tout être produit dans un nuage qui manqueroit de l'une de ces deux especes de corps. Delà on entend le tonnerre toute l'année à la Jamaïque, & il eſt très-fréquent en Italie, à cauſe de l'abondance du ſoufre. On ne l'entend preſque jamais en Egypte ni en Éthiopie pour la raiſon contraire.

Les matieres hétérogenes dont le nuage eſt compoſé, prennent différentes places dans l'air; elles y ſont rangées par différentes couches ſelon leur peſanteur; les parties terreſtres & aqueuſes ſont les plus baſſes; les ſulphureuſes, nitreuſes, bitumineuſes, ſont au-deſſus; mais celles-ci peuvent être tellement combinées, qu'elles faſſent un moindre volume qu'une maſſe égale de parties aqueuſes & terreſtres. La même maſſe pouvant donc être ſous différents volumes, & étant relativement à l'air plus peſante ſous un plus petit volume que ſous un plus grand, un ſecond nuage chargé comme le premier de ſes matieres électriques par communication, peut ſe trouver à quelque diſtance au-deſſous du premier. Ainſi les vapeurs les plus groſſieres, les plus condenſées, ſont les plus proches de la terre. On peut donc conſidérer la portion d'air qui s'étend depuis la verge de fer jusqu'au nuage, comme une pyramide formée de différentes couches de ces différentes matieres, & dont la base soit dans le nuage, & la pointe à la verge de fer.

Cela posé, les matieres sulphureuses, bitumineuses, &c, du nuage supérieur se mêlent, s'échauffent, & deviennent propres à recevoir la matiere électrique des parties aqueuses subjacentes, comme l'expérience de la résine fondue dans une cuiller de fer nous le prouve. Les rayons électriques des parties aqueuses se porteront donc vers la masse sulphureuse, & en seront repoussés. (*Troisieme Question*). Ils seront donc mis en mouvement de flux & de reflux. La matiere électrique de toutes les couches intermédiaires, ou de toutes les vapeurs répandues dans l'air, depuis le premier nuage jusqu'à la pointe de la pyramide, qui est la verge de fer, sera donc mise dans le même mouvement; qu'un autre nuage non électrisé soit poussé contre le premier, qui fait la base de cette pyramide, l'étincelle partira entre les deux;

cette étincelle brillante qui vient frapper & éblouir nos yeux, & qui nous annonce le tonnerre. L'éclair & le bruit terrible de la foudre ne seroient donc qu'une étincelle électrique plus ou moins violente, selon la différente disposition & la différente quantité des matieres électriques par communication, & de celles qui le sont par elles-mêmes, élevées & soutenues dans l'air; on pourroit donc expliquer d'une maniere assez probable les différens effets de ce météore, par les mêmes principes que nous avons établis pour expliquer les phénomenes de l'électricité. Tâchons de répondre aux questions les plus essentielles qu'on peut faire sur ce sujet.

PREMIERE QUESTION.

Pourquoi le tonnerre se dissipe-t-il souvent en éclairs & sans bruit?

PREMIERE EXPÉRIENCE.

Présentez un morceau de bois un peu sec au conducteur électrisé, vous n'aurez point d'étincelle, mais seulement une lueur subite entre le conducteur & le morceau de bois, parce qu'il a très-peu de matiere électrique. (*Premiere Quest. prél.*)

REPONSE.

Si un nuage moins électrique par lui-même, ou chargé d'une plus grande quantité de matieres électriques par communication, s'approche à quelque distance d'un autre nuage électrisé, il y aura entre les deux une inflammation ou un éclair sans bruit.

II. QUESTION.

Pourquoi les éclairs ne forment-ils pas ordinairement dans les nuages des sillons en lignes droites, mais en zigzag?

SECONDE EXPÉRIENCE.

Au lieu d'appliquer une feuille de papier doré sur le carreau de verre dont vous vous servez pour l'expérience dont nous avons parlé, colez-y de petits morceaux de ce papier à une petite distance les uns des autres; quand le carreau se déchargera vous verrez briller subitement sur sa surface électrisée une multitude de petites étoiles dispersées sur les morceaux de papier doré. On peut ainsi, en les diposant sur le carreau de verre, représenter en traits de feu toutes les figures imaginables.

REPONSE.

Un nuage composé de différentes matieres électriques & non électriques, n'est pas mal représenté par ce carreau de verre, corps non électrique, couvert de parties métalliques dispersées sur sa surface, & qui sont originairement électriques. Ce qui arrive à celui-ci, doit donc se produire en grand dans celui-là. Le sillon lumineux doit s'y briser, selon la disposition des parties électriques, dont la suite est interrompue par des matieres non électriques.

III. QUESTION.

Pourquoi le tonnerre frappe-t-il ordinairement les endroits les plus élevés, comme le sommet des montagnes, la cime des arbres, &c.

TROISIEME EXPÉRIENCE.

Un corps non électrisé n'attire un

autre corps électrisé, & l'étincelle n'est produite entre les deux qu'à une certaine distance proportionnée à la force de l'électricité.

REPONSE.

Les corps les plus élevés sont les plus proches des nuages. Une montagne, par exemple, qui est un corps électrique non électrisé, doit donc attirer un nuage électrisé, & l'étincelle doit partir entre les deux.

IV. QUESTION.

Pourquoi n'entend-on presque jamais le tonnerre en pleine mer? ou du moins pourquoi n'y entend-on qu'un tonnerre très-foible & sans éclats?

QUATRIEME EXPÉRIENCE.

Une personne isolée tire du conducteur des étincelles beaucoup plus foibles que si elle ne l'étoit pas. Et si étant isolée, elle reste quelque temps auprès du conducteur sans y toucher, elle ne pourra plus en tirer d'étincelles, parce qu'elle sera électrisée elle-même.

REPONSE.

Les nuages suspendus en l'air à une grande distance des corps terrestres sont tous également isolés ; les étincelles qui partent entre-deux de ces nuages, doivent donc être plus foibles, que si l'un des deux communiquoit à quelque corps électrique non isolé ; or lorsqu'ils sont au-dessus de la mer loin des terres, ils ne peuvent communiquer à aucun corps de cette espece ; les coups de tonnerre doivent donc y être beaucoup plus rares & plus foibles qu'au milieu des terres.

V. QUESTION.

Que doit-on penser de l'usage des verges de fer placées sur le haut des maisons, & par le moyen desquelles on prétend les préserver de la foudre ?

CINQUIEME EXPÉRIENCE.

Posez la phiole élctrisée auprès du conducteur, de sorte que son fil d'archal n'en soit qu'à une ligne de distance. Présentez ensuite la pointe d'une aiguille à ce conducteur ; vous verrez aussi-tôt la matiere électrique étinceler continuellement entre lui & le fil d'archal de la phiole.

Reponse.

La pointe présentée au conducteur détruit son électricité, en lui fournissant une nouvelle matiere électrique plus abondamment & de plus loin que ne feroit un corps arrondi. (*Dix-septieme Circonstance*). Or on peut regarder le nuage électrisé qui est porté au-dessus de la verge de fer en question, comme représentant le conducteur. Un autre nuage pareillement électrisé, & soutenu à quelque distance du premier, représente le fil d'archal de la phiole. Si ces deux nuages demeuroient également isolés, il n'y auroit point d'étincelle entr'eux, non plus qu'entre le conducteur & le fil d'archal de la phiole, tandis qu'on ne présente aucun corps ni à l'un ni à l'autre. Mais si on touche l'un des deux, ou si on en approche une pointe, comme dans l'expérience que nous venons de rapporter, on le désélectrise; il cesse d'être isolé. Il y a donc inflammation & explosion. La verge de fer pointue placée sur l'endroit le plus élevé d'une maison, ne peut avoir d'autre effet sur le nuage, que celui de l'aiguille sur le conducteur. On voit la matiere électrique s'élancer de la pointe de cette verge comme de celle de l'aiguille. Elle se porte donc vers le nuage, & y remplace celle que les parties terrestres & aqueuses ont communiquée aux parties sulphureuses. Ce nuage cesse donc enfin d'être électrisé. Il n'est plus isolé par rapport à l'autre nuage dont il est voisin. L'étincelle doit donc partir entre les deux, avec un grand danger pour la maison qui porte la funeste verge.

On peut cependant supposer que le nuage qui est porté au-dessus de la verge de fer, est le seul isolé & électrisé, & qu'il est environné d'autres nuages non isolés. Dans cette supposition, la verge de fer détruisant l'électricité du premier devient le salut de la maison qui la porte. Mais la disposition des nuages n'étant pas toujours la même, on doit conclure de ce que nous avons dit, que l'ufage de ces verges de fer eft très-périlleux.

TROISIEME CLASSE.

PHÉNOMENES DE COMMOTION.

NE NOUS écartons point de l'ordre que nous avons fuivi jufqu'ici; avançons toujours par degrés, en commençant par la plus fimple circonftance de la commotion électrique.

PREMIERE CIRCONSTANCE.

Si vous tirez une étincelle du conducteur avec le doigt, vous y fentirez un engourdiffement.

EXPLICATION.

Votre matiere électrique choquée fubitement par celle du conducteur, fe comprime, fe refferre; ce qui ne peut fe faire fans une impreffion fenfible fur les parties du corps qui contiennent cette matiere; elles n'en font pas toutes également pénétrées, puifque felon les principes que nous avons établis, les matieres grasses & visqueuses en sont dépouillées par leur nature, & n'en contiennent qu'autant qu'elles sont mêlées avec d'autres corps électriques par eux-mêmes. Or pour bien comprendre ce que nous avons à dire sur la commotion, il est à propos de bien connoître les parties électriques du corps animal, & de les distinguer des autres. On fait étinceller le jet de sang d'une personne électrisée qu'on vient de saigner; ce qui ne pourroit être, si le sang ne contenoit point de matiere électrique; c'est probablement cette matiere qui entretient sa fluidité. J'ai reconnu par plusieurs expériences faites sur différents animaux, que l'on tire des étincelles à peu-près également fortes de la peau, & des parties charnues & membraneuses d'un animal qu'on vient de tuer; que les os sont les parties les moins électriques, parce qu'ils n'étincellent que très-foiblement; que par la raison contraire le cerveau & la moëlle épiniere sont les plus électriques, d'où l'on peut conclure que les nerfs qui y ont leur principe, sont aussi abondamment pénétrés de la matiere de l'électricité. Ceux qui ont essayé de guérir des paralytiques par la commotion, assurent qu'on ne fait étinceller qu'avec peine les membres attaqués de paralysie, ce qui prouveroit qu'un effet de cette maladie est de dépouiller les nerfs de leur matiere électrique.

Nous pouvons donc considérer le corps humain comme composé de plusieurs couches électriques & non électriques, la peau, la graisse, les membranes, les muscles, avec leurs nerfs, leurs veines, & leurs arteres, & enfin les os qui font la base de cet édifice. Toutes ces couches sont sagement entremêlées pour la conservation du corps, & particuliérement pour la facilité de la transpiration. On peut dire en effet, que l'action de la matiere électrique en est la principale cause : & voici comment on peut l'expliquer, selon les principes que nous avons établis.

La chaleur extérieure dilate les pores de la peau & de la graisse subjacente. Or un corps non électrique, tel que sont les matieres grasses, devient propre par la dilatation à recevoir les matieres électriques, des corps qui la contiennent; cette matiere qui réside principalement dans les nerfs, dans les muscles & dans le sang, doit donc se porter vers les parties grasses, s'y insinuer, passer par les pores de la peau, & emporter avec elle les matieres déliées & hétérogenes aux parties dont elle s'élance, les petites gouttes aqueuses qu'elle rencontre sur son passage. Delà la transpiration est plus aisée & plus abondante en été qu'en hyver; elle est plus forte dans les personnes grasses que dans les autres. Delà encore on peut la faciliter par le frottement; on peut l'accélerer par l'électrisation, comme nous le verrons bientôt.

Les différentes parties du corps étant ainsi disposées, qu'arrive-t-il qnand vous approchez le doigt du conducteur? La matiere électrique résidente dans votre corps, & sur-tout dans les nerfs, est subitement frappée; elle se retire, & reflue dans les muscles; delà le sentiment de douleur, & souvent le mouvement involontaire de ces muscles.

SECONDE CIRCONSTANCE.

L'étincelle eſt plus forte quand vous la tirez avec un article du doigt recourbé.

EXPLICATION.

Le choc des rayons du conducteur eſt d'autant plus fort qu'ils ont moins de chemin à faire par des parties non électriques comme la graiſſe, pour arriver aux parties électriques comme les muſcles. C'eſt pour cela que les perſonnes graſſes ſont moins ſenſibles aux étincelles que les autres. C'eſt auſſi pour la même raiſon que les oiſeaux ne ſont frappés que très-foiblement au travers de leurs plumes, & les quadrupedes au travers du poil.

TROISIEME CIRCONSTANCE.

Si vous montez ſur un pain de réſine pour tirer les étincelles, elles ſeront moins ſenſibles.

EXPLICATION.

Votre matiere électrique peut ſe retirer dans la réſine, & par conſéquent elle oppoſe moins de réſiſtance à à celle du conducteur ; elle cede au choc qui devient par cette raison moins violent ; on peut encore appliquer ceci à ce que nous venons de dire de la différente impression de l'étincelle électrique sur différentes personnes. Les nerfs de ceux qui sont gras & replets étant comme isolés, leur matiere électrique résiste moins au choc de celle du conducteur. Ceux dont les pieds sont humides & qui transpirent abondamment, communiquent plus immédiatement avec les corps électriques qui les environnent, avec le plancher, & doivent par conséquent être plus sensibles à l'étincelle ; il y a certaines personnes dont la transpiration est si abondante, qu'il suffit de les électriser quelque temps sur un pain de résine pour le gâter entiérement & le rendre inutile, parce qu'il devient imbibé des vapeurs humides que les rayons électriques y ont portées ; il n'y a point alors d'autre moyen de le réparer, que de le faire refondre.

Quatrieme Circonstance.

Les étincelles ordinaires, ou les

étincelles simples, que je nomme ainsi pour les distinguer de la violente explósion dont nous parlerons plus bas, ne se font gueres sentir au-delà du troisieme article des doigts; quelques-unes pénetrent jusqu'au poignet; on ressent les plus fortes entre le coude & le rayon.

EXPLICATION.

On sait que les muscles sont disposés dans toutes ces parties, & nous avons dit que la douleur n'étoit causée que par le reflux de la matiere électrique des nerfs dans les muscles. Or, quoique tous les globules électriques qui résident dans votre corps, & qui y sont contigus, reçoivent en même temps l'impulsion des rayons du conducteur, cette impulsion ne doit cependant être sensible qu'à son principe, c'est-à-dire, sur les globules qui résident dans la partie du corps que vous présentez au conducteur, parce qu'ils sont soutenus par toute la masse électrique dont ils sont environnés. C'est ainsi que lorsqu'on frappe subitement une eau tranquille, la plus grande agitation est à l'endroit frappé.

CINQUIEME CIRCONSTANCE.

Si lorſque vous tirez l'étincelle avec un doigt, vous en faites toucher un de l'autre main à celui de quelqu'un non iſolé, vous ſentirez la commotion dans les deux doigts, & cette perſonne la ſentira dans le doigt qui touche au vôtre.

EXPLICATION.

Nous venons de dire que toute la maſſe électrique de votre corps recevoit l'impulſion des rayons du conducteur. Cette impulſion doit produire ſur les globules électriques le même effet qu'on produit ſur une file de billes diſpoſées ſur un plan. Quand on choque la premiere, la derniere ſe retire. Les globules électriques qui ſe trouvent les derniers à la circonférence du corps, ſe retirent donc au moment de l'étincelle. Voulez-vous en être aſſuré? il eſt aiſé d'en faire l'expérience. Répandez de la pouſſiere ſur une table; & en même temps que vous tirez l'étincelle, préſentez un doigt de l'autre main au-deſſus de cette pouſſiere : elle ſera aussi-tôt attirée & repoussée: il faut, pour que cette expérience réussisse, que l'électricité soit très-forte, & que les globules électriques puissent vaincre la résistance de l'air environnant. Cette expérience prouve sans doute que dans l'instant où les premiers globules sont choqués, les derniers se retirent: ils s'élancent donc du doigt que vous faites toucher à celui d'une autre personne; mais ils rencontrent la résistance de la matiere semblable qui réside dans cette personne. Ils se réfléchissent donc & refluent dans votre doigt; vous devez donc y sentir une commotion; & il est visible que celui dont vous touchez le doigt, y ressentira aussi l'impulsion de votre matiere électrique.

SIXIEME CIRCONSTANCE.

Si vous tirez l'étincelle avec un morceau de fer, avec une clef, par exemple, que vous tiendrez entre deux doigts, vous sentirez la commotion dans ces deux doigts; mais si vous la tirez avec la pointe d'une aiguille, la commotion sera presque insensible.

EXPLICATION.

La matiere électrique du morceau de fer est frappée par celle du conducteur : les derniers globules qui se trouvent à la circonférence, se retirent, & rencontrent la matiere électrique de vos doigts ; il y a donc choc & commotion. Mais si vous présentez la pointe d'une aiguille, il est évident qu'elle est exposée à un plus petit nombre de rayons du conducteur ; l'étincelle & la commotion doivent donc être beaucoup plus foibles. Tâchons de répandre encore un peu plus de lumiere sur cette explication. Il est certain que vous ne ressentez la commotion, qu'autant que les rayons du conducteur choquent la matiere électrique résidente dans la partie du corps que vous lui présentez, & qu'ils obligent cette matiere à refluer, à se comprimer, à se resserrer dans cette partie même. Or, si vous opposez à un plus petit nombre de ces rayons, une plus grande abondance de matiere électrique, il est encore certain que cette matiere refluera avec moins de vivacité, & qu'elle se comprimera moins; c'est ce qui arrive lorsque vous présentez au conducteur la pointe d'une aiguille. Un plus petit nombre de rayons vient frapper cette pointe, ou plutôt la matiere électrique qui y réside, & qui y est soutenue par toute la masse électrique de votre corps.

Je ne dois pas omettre ici une expérience très-difficile à expliquer. Je pourrois peut-être la passer sous silence, sans que personne s'en apperçût, & je m'éviterois, par ce moyen, la peine extrême que j'ai à la concilier avec ce que j'ai dit; mais la bonne foi ne me permet pas de la dissimuler: après tout, si j'ai réussi à expliquer tous les autres phénomenes par les principes que j'ai établis, j'espere que la difficulté que je trouve à celui-ci, ne les fera point rejetter comme faux, mais plutôt que quelqu'un plus élairé que moi, en trouvera une explication plus heureuse dans ces mêmes principes. Voici le fait:

Si en appliquant l'extrémité d'un fil d'archal sur la dorure inférieure du carreau de verre dont nous avons parlé, vous en portez l'autre extrémité sur la dorure supérieure, il y aura une violente explosion sans que vous ressentiez la moindre commotion. Toute la matiere électrique de ce fil d'archal doit cependant recevoir l'impulsion des rayons de la surface électrisée; les derniers globules qui se trouvent à la circonférence, doivent donc se retirer, & frapper ceux qui résident dans vos doigts. Mais il faut se rappeller ce que nous avons dit en expliquant la quatrieme Circonstance, que l'impulsion ne devoit être sensible qu'à son principe; il faut ajouter à cette proposition une remarque qui en est la conclusion; c'est que l'on ne ressent la commotion en tirant l'étincelle avec un morceau de fer, que parce qu'il y a interruption & défaut de continuité entre la matiere électrique du fer & celle des doigts qui le tiennent. Si cela n'étoit pas ainsi, on ne ressentiroit aucune commotion en tirant l'étincelle avec une longue verge de fer, puisque la plus forte qu'on tire avec le doigt, ne se fait pas sentir au-delà du coude; en effet, les derniers globules électriques qui se trouvent à la circonférence de la verge de fer, ne pourroient se retirer, pour aller choquer ceux qui résident dans les doigts, puisqu'ils seroient contigus avec ceux-ci. Il faut donc supposer un espace vuide de matiere électrique entre cette verge & les doigts, pour comprendre comment ils reçoivent la commotion ; & s'ils ne la reçoivent point dans l'expérience dont il s'agit, il en faut conclure, ou qu'il n'y a point d'interruption entr'eux & le fil d'archal, & que leurs globules électriques sont devenus contigus avec ceux qui résident dans ce fil, ou bien que ceux-ci ne s'élancent pas assez loin pour parvenir à ceux-là. Or on ne pourroit point assigner la cause de cette contiguité de la matiere électrique des doigts, & de celle du fil d'archal qui ne se trouveroit ainsi que dans une occasion. Il nous reste donc à examiner pourquoi les globules de ce fil ne peuvent s'élancer jusqu'à ceux des doigts.

Il n'y en peut avoir d'autre cause qu'une résistance invincible de la matiere électrique du fil d'archal aux rayons

rayons de la surface électrisée ; or nous l'avons déja dit, en expliquant la vingt-quatrieme circonstance de la seconde classe. Tâchons encore de le mieux prouver. Il faut se souvenir que les rayons de la surface électrisée du carreau de verre frappent sans cesse, en passant par les pores du verre la matiere électrique de la surface inférieure, & des corps sur lesquels elle est posée ; (*Seconde Classe. Dix-huitieme circonst.*) que cette matiere ainsi choquée se réfléchit sans pouvoir pénétrer dans le verre, & passer de la surface inférieure à la supérieure, & que par conséquent elle s'amasse & s'accumule sous celle-là : l'extrémité du fil d'archal qu'on appuie sur cette surface, se trouve donc contiguë avec un corps parfaitement électrique ; il n'y a donc point d'interruption, de défaut de continuité, entre les derniers globules électriques qui résident dans cette extrémité & ceux qui sont ainsi accumulés sur la dorure inférieure. Les rayons de la surface supérieure ont donc à vaincre la résistance non-seulemnnt de la matiere électrique du fil d'archal, mais de toute la maſſe électrique des corps qui ſoutiennent le carreau de verre. Les derniers globules du fil d'archal ne peuvent donc point céder au choc en ſe retirant; ils oppoſent donc une réſiſtance invincible.

Nous pouvons confirmer cette explication par une autre expérience. C'eſt que ſi, au lieu du fil d'archal, on ſe ſert d'une bande de papier doré, on ſentira quelque commotion, parce qu'il ſe trouve ordinairement quelque défaut de continuité dans la dorure.

SEPTIEME CIRCONSTANCE.

Si au lieu de vous ſervir du fil d'archal, vous portez un doigt ſur la dorure inférieure, & un de l'autre main ſur la ſupérieure, vous reſſentirez une violente ſecouſſe dans les deux coudes.

EXPLICATION.

Toute la matiere électrique que l'on peut conſidérer comme formant une file de globules électriques, depuis le doigt préſenté à la ſurface ſupérieure, juſqu'à celui qui touche à l'inférieure, eſt ſoutenue par la maſſe électrique qui réside dans cette surface & dans les corps qui l'environnent; les premiers de ces globules ne peuvent donc point céder au choc, parce que les derniers ne peuvent pas se retirer; ils sont donc violemment comprimés des deux côtés, & cette compression subite doit exciter un mouvement involontaire, une secousse dans les muscles. Il ne faut donc pas croire, comme quelques Physiciens, que cette commotion vient de ce que la matiere électrique passe en traversant le corps d'un bras à l'autre, puisqu'il est impossible, dans cette supposition, d'expliquer l'ébranlement instantané & égal dans les mêmes parties de chaque bras. Mais la matiere électrique de celui qu'on présente aux rayons de la surface électrisée, se comprime & reflue des nerfs dans les muscles, & celle de l'autre bras rencontrant la résistance de la dorure inférieure qui l'empêche de se retirer, reflue aussi dans ce bras, & y excite au même instant la même commotion que dans l'autre. On peut encore la recevoir en tenant d'une main la phiole électrisée, &

en touchant de l'autre à ſon fil d'archal.

Huitieme Circonstance.

Que deux perſonnes ſe tiennent par la main ; que la premiere tienne la phiole électriſée, & que la ſeconde touche à ſon fil d'archal ; ils ſentiront tous deux au même inſtant la commotion dans les deux coudes.

Explication.

Pour nous faire mieux entendre ; donnons un nom à ces deux perſonnes ; que celui qui tient la phiole s'appelle Pierre, & l'autre Paul : dans l'inſtant où Paul approche le doigt de la main gauche du fil d'archal, ſa matiere électrique eſt frappée & comprimée ; elle reflue dans le bras gauche : il doit donc d'abord ſentir une commotion dans ce bras. Au même inſtant les globules qui réſident aux extrémités de ſon bras droit, ſe retirent ; en cédant au choc, ils vont frapper ceux de Pierre ; ils doivent donc ſe réfléchir, refluer dans le bras droit de Paul, & y exciter auſſi la commotion. La matiere électrique du bras gauche de Pierre a donc été frappée par celle qui s'est élancée du bras droit de Paul. Pierre a donc eu une commotion dans le bras gauche : les globules qui résident aux extrémités de son bras droit, se sont retirés ; ils ont rencontré la résistance de la phiole ; ils ont donc excité, en refluant, une commotion dans ce bras. Que cent personnes se tiennent de même, & elles recevront toutes la même commotion.

Conclusion.

Tous les phénomenes de commotion doivent s'expliquer par cette troisieme regle générale du mouvement dans les corps élastiques.

Plusieurs corps élastiques étant contigus, le mouvement imprimé au premier, se communique à tous les autres jusqu'au dernier.

Finissons, en examinant quel secours on peut attendre de la commotion pour la guérison des membres paralytiques : on a publié des miracles à ce sujet ; mais ils se sont tous opérés dans des pays éloignés de nous. Nos plus habiles Physiciens ont essayé inutilement de les produire; ils se sont transportés sur les lieux où l'on prétendoit les avoir vus; ils n'en ont apperçu aucune trace; ils n'en ont trouvé aucun témoin, & nous pouvons les regarder, après eux, du moins comme très-douteux. La commotion électrique doit sans doute produire de grands effets sur les corps qui la reçoivent; nous en sommes assurés par un grand nombre d'expériences faites sur différents corps fluides ou solides. Elle enflamme l'esprit-de-vin; elle fond l'or entre deux lames de verre, comme nous l'apprend l'habile Physicien de Philadelphie *. Mais cette action violente ne semble-t-elle pas plus capable de détruire que de réparer, de blesser que de guérir?

Nous avons dit que l'effet de la paralysie étoit de dépouiller les nerfs de leur matiere électrique; la leur rendre, ce seroit donc les guérir. Consultons l'expérience; voyons quel est l'effet de la commotion sur les corps non électriques; examinons

* M. Franklin.

ſi elle peut les rendre électriques.

Poſez cinq ou ſix cartes à jouer les unes ſur les autres ſur la dorure ſupérieure d'un grand carreau de verre électriſé. Appuyez enſuite le bout d'un fil d'archal ſur la dorure inférieure, & portez l'autre bout au-deſſus de ces cartes, l'étincelle partira en les perçant toutes de part en part; ce qui n'arrivera point ſi elles ont été auparavant plongées dans l'eau, de façon qu'elles en ſoient imbibées, parce qu'étant alors électriques elles ne font qu'un tout, qu'un ſeul corps, qu'une ſeule maſſe électrique avec la dorure du verre, au lieu qu'étant ſeches, elles ne ſont point électriques. Les rayons de la ſurface électriſée du verre, irrités par la réſiſtance qu'ils rencontrent dans le fil d'archal, les traverſent donc avec effort, (*Seconde Claſſe. Dix-huitieme Circonſt.*) & s'y font un paſſage en les déchirant.

Il arrive quelquefois que le verre même eſt percé par l'étincelle. Voici la maniere de l'expérimenter: poſez la phiole à moitié pleine d'eau ſur un ſupport de verre bien ſec, & faites communiquer ſon fil d'archal avec le conducteur. Pendant l'électrisation vous tirerez des étincelles assez fortes de sa surface extérieure ; & c'est une de ces étincelles qui enleve quelquefois une petite parcelle ronde du verre. La commotion brise donc plutôt les corps non électriques que de les rendre électriques ; elle est donc plus propre à estropier parfaitement un membre paralytique qu'à le guerir.

Toutes les expériences d'électricité ne seroient-elles donc qu'un spectacle inutile ? Ne peut-on espérer aucun avantage de la matiere électrique ? Ne seroit-il pas du moins possible d'introduire par son moyen, dans le corps, les baumes les plus subtils, les plus spiritueux & les plus propres à la guérison des maladies dont il est attaqué ? On a prétendu y avoir réussi en Italie ; on l'a tenté en France sans aucun succès, & l'on ne doit point en attendre en admettant les principes que nous avons établis. Selon ces principes, la matiere électrique ne passe point du globe dans la personne électrisée ; mais elle s'élance de cette personne vers le globe, dont elle est aussi-tôt repoussée, & ainsi alternativement par un mouvement de flux & de reflux. Le baume dont ce globe seroit enduit, ne pourroit donc être porté dans le corps de la personne électrisée. D'ailleurs la matiere électrique étant plus serrée au moment de son éruption, qu'à quelque distance du corps dont elle s'élance, peut bien entraîner les corps mobiles qu'elle rencontre; c'est ainsi qu'elle enleve la poussiere répandue sur le conducteur; mais elle ne peut, en refluant, y ramener cette poussiere, parce qu'elle échappe à ses rayons divergents; elle ne fait donc rien entrer dans le corps d'une personne électrisée, mais elle en peut faire sortir, en s'élançant, des humeurs étrangeres, des sérosités; delà, nous pouvons du moins conclure que la simple électrisation, sans commotion & sans le secours des enduits, est très-salutaire dans un grand nombre de maladies occasionnées par des humeurs qui ne peuvent percer les pores de la peau, ou s'exhaler par la transpiration. Je crois qu'il seroit bon de l'employer particuliérement pour la petite vérole.

En relisant ce petit Essai, je me suis apperçu que j'y avois oublié un phénomene singulier, qui a fait conjecturer à quelques Physiciens, que la matiere électrique étoit la même que celle de l'aiman. Le voici. On met une aiguille entre deux lames de verre, de sorte que les deux bouts en soient découverts. On en fait toucher un à la dorure inférieure du carreau dont nous avons parlé. On appuie sur l'autre l'extrémité d'un fil d'archal, dont on présente l'autre bout à la dorure supérieure, l'étincelle part, & l'aiguille se trouve parfaitement aimantée. Nous expliquons ce phénomene en supposant que l'acier est hérissé de petits poils, qui selon leur disposition & la maniere dont ils sont couchés, ouvrent ou ferment le passage au courant magnétique. On sait que cette idée n'est point de nous. La violente commotion que reçoit l'aiguille, peut coucher ses poils dans le sens où ils doivent être pour recevoir le courant. Il ne faut donc pas conclure de cette expérience, que la matiere électrique soit la même que la magnétique.

EXAMEN DE LA PHIOLE DE LEYDE.

PREMIERE EXPÉRIENCE.

POSEZ la phiole électrisée sur un verre net, ou sur de la cire seche, vous ne pourrez tirer d'étincelle du fil d'archal. (*Franklin*, *I. vol. p.* 51).

EXPLICATION.

L'étincelle n'est excitée que par la résistance & le choc des globules électriques les uns contre les autres; or ceux qui sont en mouvement dans le fil d'archal, ne résistent point dans cette circonstance à ceux de votre doigt, puisqu'ils peuvent céder au choc, en se retirant dans le support non électrique sur lequel la phiole est posée.

SECONDE EXPÉRIENCE.

Placez une phiole électrisée sur de la cire. Tenez à la main une petite boule de liege suspendue par un fil de ſoie ſeche : approchez-la du fil d'archal ; elle ſera d'abord attirée, & enſuite repouſſée. Lorſqu'elle eſt dans cet état de répulſion, baiſſez la main, afin que la boule ſe trouve vis-à-vis le fond de la bouteille ; elle ſera promptement & fortement attirée. (*Ibid. p.* 55).

EXPLICATION.

La boule de liege ſuſpendue par un fil de ſoie eſt iſolée ; elle eſt donc électriſée par le contact avec le fil d'archal ; il ſe forme donc autour de cette boule une atmoſphere électrique ; celle qui eſt autour du fil d'archal étant évidemment la plus forte, doit prévaloir & repouſſer la boule à une certaine diſtance ; mais à cette diſtance les rayons du fil d'archal ſont plus foibles & plus divergents ; la boule de liege eſt donc alors frappée de tous côtés par des forces égales ; elle ne doit plus être attirée ni repouſſée. On trouvera l'explication de la ſeconde circonſtance de cette expérience dans celle que nous avons donnée de l'onzieme expérience de la premiere claſſe.

TROISIEME EXPÉRIENCE.

Quand on tient dans ſa main une bouteille bien électriſée, on apperçoit dans l'obſcurité une aigrette lumineuſe au haut du crochet, & on entend le ſifflement de la matiere électrique qui s'échappe par cette voie; ſi l'on poſe alors la bouteille ſur un ſupport de verre, de réſine, &c, l'aigrette diſparoîtra, & le ſifflement ceſſera. (*Ibid. p.* 56).

EXPLICATION.

Les rayons électriques mis en mouvement de flux & de reflux s'élancent du fond de la phiole dans la main. Ils y rencontrent la matiere ſemblable qui y réſide; ils la choquent, la compriment; ils en ſont comprimés d'eux-mêmes, ſe débandent, ſe réfléchiſſent, & s'élancent en ſifflant par le crochet; ce qui ne doit pas arriver quand la phiole eſt poſée ſur un corps non électrique comme le verre.

QUATRIEME EXPÉRIENCE.

Electriſez également deux phioles égales poſées l'une ſur un ſupport de verre, & l'autre ſur un ſupport de métal ; eſſayez une heure après, la commotion que peuvent donner ces deux phioles. Celle de la phiole iſolée ſera très-ſenſiblement la plus forte. (*Ibid. p.* 58).

EXPLICATION.

La matiere électrique de la phiole poſée ſur un ſupport de métal eſt miſe, comme nous venons de le voir par l'expérience précédente, dans un mouvement plus vif, que celle de l'autre phiole. Mais ce mouvement plus vif, eſt évidemment de moindre durée, que les vibrations plus lentes des rayons de la phiole iſolée, qui ne trouvent aucune réſiſtance dans le ſupport non électrique ſur lequel elle eſt poſée. Ainſi, quand vous prenez en main la phiole non iſolée pour en recevoir la commotion une heure après qu'elle a été électriſée, vous ne changez rien à l'état de ſes rayons électriques, dont le mouvement eſt conſidérablement affoibli, & la ſecouſſe doit être auſſi très-foible. En prenant au contraire la phiole iſolée, vous augmentez tout d'un coup la vivacité du mouvement de ſes rayons, par la réſiſtance qu'ils rencontrent dans votre main. La commotion doit donc être plus forte.

CINQUIEME EXPÉRIENCE.

Faites pendre un fil de lin à la diſtance d'un demi-pouce du ventre de la phiole électriſée & iſolée. Touchez avec le doigt le fil d'archal de la phiole à pluſieurs repriſes, & à chaque attouchement vous verrez le fil auſſi-tôt attiré par la bouteille. (*Ibid. p.* 62).

EXPLICATION.

Les rayons électriques de la phiole venant à rencontrer les globules réſidents dans votre doigt, ſont repouſſés en-dehors autour du ventre de cette phiole; ils viennent donc frapper la matiere ſemblable réſidente dans le fil; cette matiere ainſi frappée cede au choc, ſe retire, & eſt auſſi-tôt repouſſée par l'air environnant contre le fil qui eſt entraîné par le mouvement de reflux vers la phiole. (*Voyez la I. Exp. de la I. Claſſe*).

SIXIEME EXPÉRIENCE.

Faites tenir un fil d'archal dans le plomb, dont le bas de la bouteille eſt armé, de ſorte que l'extrémité de ce fil d'archal monte à la hauteur & à quelque diſtance de celui qui plonge dans la bouteille; laiſſez tomber entre les deux un morceau de liege ſuſpendu par un fil de ſoie; il jouera continuellement de l'un à l'autre. (*Ibid. pag.* 63).

EXPLICATION.

Le morceau de liege doit être ainſi attiré & repouſſé alternativement, s'il ne peut être électriſé, s'il ne peut acquérir d'atmoſphere électrique. C'eſt ainſi qu'une légere feuille de métal miſe ſur une table, eſt attirée & repouſſée alternativement par un tube qu'on lui préſente. (*Premiere Claſſe. Seconde Exp.*) Or dans cette circonſtance le morceau de liege ne peut avoir d'atmoſphere électrique, puiſqu'il eſt pouſſé coup ſur coup contre un corps non iſolé, c'eſt-à-dire, contre le fil d'archal fixé dans le plomb dont la phiole eſt armée.

SEPTIEME

SEPTIEME EXPÉRIENCE.

Posez la phiole sur un support de métal; faites toucher le fil d'archal fixé dans le plomb dont elle est armée à celui qui plonge dans l'eau dont elle est à moitié remplie, il ne sera pas possible de l'électriser dans cet état.

Explication.

Il est visible que dans cette expérience l'eau & le fil d'archal qui y plonge ne sont pas isolés; ils ne peuvent donc pas être électrisés.

HUITIEME EXPÉRIENCE.

Après avoir électrisé une phiole, versez l'eau qu'elle contient dans une autre phiole bien seche, non électrisée, & que vous tiendrez dans votre main; faites plonger un fil d'archal dans celle-ci, vous en tirerez une petite étincelle, & vous recevrez une légere commotion.

Explication.

L'eau, en passant d'une phiole dans l'autre, ne cesse point d'être isolée, puiſqu'elle paſſe ainſi d'un ſupport non électrique à un ſupport ſemblable ; ſa matiere électrique ne perd donc pas tout ſon mouvement ; elle peut donc encore exciter une étincelle & une commotion.

NEUVIEME EXPÉRIENCE.

Verſez l'eau de la phiole électriſée dans une autre phiole non électriſée, mais iſolée ſur un ſupport de verre ; vous n'aurez de celle-ci aucune étincelle. (*Ibid.* 150).

EXPLICATION.

Le peu de mouvement qui reſtoit à la matiere électrique de l'eau eſt tout d'un coup énervé par ce ſupport non électrique. Les rayons n'y trouvant aucune réſiſtance, s'y allongent aiſément, & ne ſont point repouſſés. Au lieu que quand vous tenez dans la main la phiole non électriſée dans laquelle vous verſez l'eau électriſée, ces rayons rencontrent tout d'un coup votre matiere électrique ; ils en ſont vivement repouſſés, & peuvent par cette raiſon exciter une étincelle & une commotion.

DIXIEME EXPÉRIENCE.

Après avoir vuidé la phiole électrisée, remplissez-la de nouvelle eau non électrisée ; remettez-y le fil d'archal avec les précautions indiquées par M. Franklin ; vous aurez une vive étincelle & une forte commotion.

EXPLICATION.

Il s'est formé une atmosphere électrique autour de la phiole électrisée comme autour d'un globe qu'on vient de frotter. Cette atmosphere électrique peut donc communiquer son mouvement à la matiere résidente dans l'eau & dans le fil d'archal, comme l'atmosphere du globe peut communiquer le sien à une barre de fer qui y communique ; cette barre de fer s'appelle *le conducteur* ; on en tire des étincelles ; le fil d'archal de la phiole, & l'eau qu'on y a versée, sont aussi des conducteurs ; ce sont des corps électriques comme la barre de fer ; on peut donc aussi les faire étinceller. Ainsi cette fameuse analyse de la phiole de Leyde, cette analyse qui est certainement très-belle & très-ingénieuse, se réduit à cette premiere expérience, à ce phénomene le plus simple de l'électricité : Faites communiquer une barre de fer au globe que vous frottez, & vous en tirerez des étincelles.

FIN.

APPROBATION.

J'AI lu par l'ordre de Monſeigneur le Chancelier un Manuſcrit intitulé : *le Claveſſin Electrique*, & j'ai cru qu'il méritoit d'être imprimé. A Paris, ce 12 Juillet 1760.

CLAIRAUT.

Approbation du R. P. Provincial.

JE ſouſſigné, Provincial de la Compagnie de Jeſus, en la Province de France, ſuivant le pouvoir que j'ai reçu de notre R. P. Général, permets au P. Jean-Baptiſte de la Borde, de la même Compagnie, de faire imprimer un Livre intitulé, *le Claveſſin Electrique*, qu'il a compoſé, & qui a été vu & approuvé par trois Théologiens de notre Compagnie. En foi de quoi j'ai ſigné la préſente permiſſion. A la Fleche, ce 2 Juillet 1760.

MATTHIEU-JEAN-JOSEPH ALLANIC,
de la Compagnie de Jeſus.

PRIVILEGE DU ROI.

LOUIS par la grace de Dieu, Roi de France & de Navarre : A nos amés & feaux Conseillers, les Gens tenant nos Cours de Parlement, Maîtres des Requêtes ordinaires de notre Hôtel, Grand-Conseil, Prévôt de Paris, Baillifs, Sénéchaux, leurs Lieutenants Civils, & autres nos Justiciers qu'il appartiendra : SALUT. Notre amé HIPPOLYTE-LOUIS GUERIN, Imprimeur & Libraire à Paris, Nous a fait exposer qu'il désireroit imprimer & donner au Public un Ouvrage qui a pour titre, *le Clàvessin Electrique* ; s'il Nous plaisoit lui accorder nos Lettres de Permission pour ce nécessaires. A CES CAUSES, voulant favorablement traiter l'Exposant, Nous lui avons permis & permettons par ces Présentes, de faire imprimer ledit Ouvrage autant de fois que bon lui semblera, & de le faire vendre & débiter par-tout notre Royaume, pendant le temps de trois années consécutives, à compter du jour de la date des Présentes : Faisons défenses à tous Imprimeurs, Libraires, & autres personnes, de quelque qualité & condition qu'elles soient, d'en introduire d'impression étrangere dans aucun lieu de notre obéissance : à la charge que ces Présentes seront enregistrées tout au long sur le Registre de la Communauté des Imprimeurs & Libraires de Paris dans trois mois de la date d'icelles ; que l'impression dudit Ouvrage sera faite dans notre Royaume, & non ailleurs, en bon papier & beaux caracterés, conformément à la feuille imprimée attachée pour modele sous le contre-scel des Présentes, que l'Impétrant se conformera en tout aux Réglements de la Librairie, & notamment à celui du 10 Avril 1725. qu'avant de l'exposer en vente, le Manuscrit qui aura servi de copie à l'impression dudit Ouvrage sera remis dans le même état où l'Approbation y aura été donnée, ès mains de notre très-cher & féal Chevalier Chancelier de France, le Sieur DE LAMOIGNON ; & qu'il en sera ensuite remis deux Exemplaires dans notre Bibliothéque publique, un dans celle de notre Château du Louvre, & un dans celle de notredit très-cher & féal Chevalier Chancelier de France, le Sieur DE LAMOIGNON ; le tout à peine de nullité des Présentes. Du contenu desquelles vous mandons & enjoignons de faire jouir ledit

Exposant & ses ayans cause, pleinement & paisiblement, sans souffrir qu'il leur soit fait aucun trouble ou empêchement. Voulons qu'à la copie des Presentes, qui sera imprimée tout au long au commencement ou à la fin dudit Ouvrage, foi soit ajoutée comme à l'Original. Commandons au premier notre Huissier ou Sergent, sur ce requis, de faire pour l'exécution d'icelles, tous actes requis & nécessaires, sans demander autre permission, & nonobstant clameur de Haro, Charte Normande, & Lettres à ce contraires: CAR tel est notre plaisir. DONNÉ à Versailles le vingt-neuvieme jour du mois d'Août, l'an de grace mil sept cens soixante, & de notre Regne le quarante-cinquieme. Par le Roi en son Conseil. *Signé*, LE BEGUE.

Registré sur le Registre XV. de la Chambre Royale & Syndicale des Libraires & Imprimeurs de Paris, N°. 93. fol. 99. conformément au Réglement de 1723, qui fait défenses Art. 41. à toutes personnes de quelque qualite & condition qu'elles soient, autres que les Libraires & Imprimeurs, de vendre, débiter, faire afficher aucuns Livres pour les vendre en leurs noms, soit qu'ils s'en disent les Auteurs ou autrement, & à la charge de fournir à la susdite Chambre neuf Exemplaires prescrits par l'Art. 108 du même Réglement. A Paris, ce 24 Septembre 1760.

Signé, G. SAUGRAIN, Syndic.

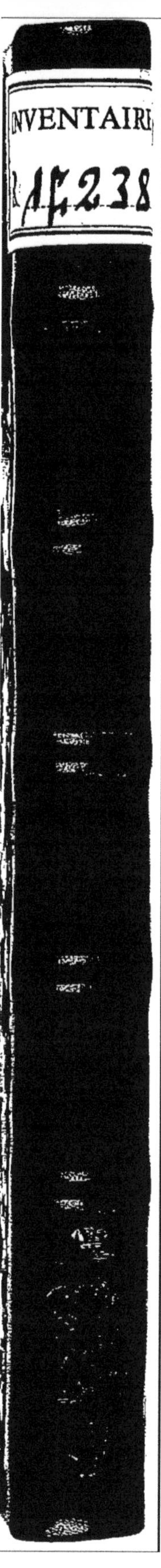
INVENTAIRE

www.ingramcontent.com/pod-product-compliance
Ingram Content Group UK Ltd.
Pitfield, Milton Keynes, MK11 3LW, UK
UKHW020244250726
13967UKWH00004B/1506

9 782011 338891